すうがくの風景

野海 正俊・日比 孝之……[編]

D 加群と計算数学

大阿久 俊則 ……[著]

朝倉書店

編 集 者

野海 正俊(の うみ まさ とし)　神戸大学大学院自然科学研究科
日比 孝之(ひ び たか ゆき)　大阪大学大学院理学研究科

まえがき

　本書の目的は，線形常微分方程式の話から始めて，その発展としての D 加群理論の初歩を，主に計算数学の立場から，できるだけ厳密かつ平易に解説することである．

　D 加群とは線形微分方程式を代数的な視点で見たものである．D は微分作用素環を表しているので，微分作用素環の上の加群という意味になる．連立の微分方程式を D 加群としてとらえることによって，それに対する不変量や演算を，代数の言葉を用いて具体的な表示に依存せずに定義することができる．これはたとえて言えば，連立 1 次方程式をその具体形ではなく，ランクなどの線形代数の概念を用いて統制することに相当する．実際，環の上の加群とはベクトル空間の概念の一般化である．

　微分作用素環は多項式環を含むから，D 加群理論は代数幾何のある意味の一般化とみなすこともできる．たとえば 1960 年代に佐藤幹夫によって導入され，1970 年代以降 J. Bernstein, 柏原正樹, B. Malgrange を始めとする人々によって研究がなされた多変数多項式の b 関数は，代数幾何の対象である超曲面の特異点の不変量でもあるが，D 加群理論の最初の重要な応用の一つであった．

　一方で計算数学とは，数学を計算の立場から考察することを意味している．代数幾何に関して言えば，1960 年代の広中平祐による標準基底の概念や，B. Buchberger によるグレブナー (Gröbner) 基底の計算アルゴリズムを契機として，多項式環のイデアルに関する種々の量を計算するアルゴリズムが見出され，また実際の計算のためのソフトウェアも数多く開発された．

　このグレブナー基底を微分作用素環に適用すると，一見抽象的な D 加群に対する種々の演算の計算アルゴリズムが得られることを解説するのが，本書の最

終的な目標である．

　1章では，古典的な線形常微分方程式の話を線形代数と計算数学の立場から述べてみた．D 加群は登場しないが，ここでの計算アルゴリズムは，3章以降のアルゴリズムのプロトタイプである．また行列の基本変形やユークリッドの互除法などの基本的なアルゴリズムを用いているので，1章と付録を併読すれば，微分方程式を題材とした計算数学の学習や，数式処理によるプログラミングの演習課題としても使えるであろう．

　2章ではそれ以降への準備として，環とその上の加群についての基本事項を述べ，線形常微分方程式を D 加群として考察した．D 加群理論の考え方に親しんでもらうのが目的である．

　3章以降では，多変数の D 加群を考察する．その際，適当な重みベクトルに関する包合基底の概念が基本的である．包合基底を計算する一般的なアルゴリズムは，グレブナー基底を微分作用素環に適用することによって得られる．

　1章と2章が第 I 部，3,4,5 章が第 II 部である．多変数の D 加群を主目的とする読者は，必要に応じて 2.1 と 2.2 で環と加群の基本事項を確認した後，ただちに3章に進むこともできる．

　本書で仮定した予備知識は，基本的には数理系の大学一年次程度の数学，具体的には線形代数の前半，微積分の初歩の計算，集合と論理についての基本的な概念などである．なお，本書では $\mathbb{Z}$ は整数全体，$\mathbb{N}$ は 0 を含めた非負整数の全体を表すものとする．記号 := は左辺を右辺で定義することを意味する．

　本書で挙げた具体例の計算には，数式処理システム Risa/Asir と kan/sm1 を使用した．これらの使用法については付録を参照されたい．それぞれの開発者である野呂正行氏と高山信毅氏には，筆者がこれらのソフトウェアを使用するにあたって現在まで種々の便宜をはかっていただいた．本書の執筆には他に Linux 上の pLaTeX 2_ε と gnuplot を使用した．また中村弥生さんは原稿を読んで誤植や不備を指摘して下さった．最後に，本書の執筆を熱心に勧めていただき，出版に際してもいろいろとお世話になった野海正俊・日比孝之の両氏と朝倉書店編集部に心より感謝したい．

　2001 年 11 月

大阿久 俊則

目　次

1. **微分方程式を線形代数で考える** ……………………………… 1
   - 1.1 線形写像と連立1次方程式—ガウスの消去法 ……………… 1
   - 1.2 商ベクトル空間 …………………………………………… 6
   - 1.3 微分作用素 ………………………………………………… 12
   - 1.4 微分方程式の多項式解 …………………………………… 14
   - 1.5 微分方程式の巾級数解 …………………………………… 28
   - 1.6 微分方程式の有理解 ……………………………………… 41

2. **環と加群の言葉では？** ……………………………………… 53
   - 2.1 微分作用素環 ……………………………………………… 53
   - 2.2 D 加群 …………………………………………………… 57
   - 2.3 D 加群の積分と多項式解 ……………………………… 62
   - 2.4 D 加群の制限と巾級数解 ……………………………… 69
   - 2.5 有理関数と D 加群 ……………………………………… 73

3. **微分作用素環とグレブナー基底** …………………………… 81
   - 3.1 微分作用素環と D 加群 ………………………………… 81
   - 3.2 微分作用素環の包合基底 ………………………………… 90
   - 3.3 微分作用素環のグレブナー基底 ………………………… 99
   - 3.4 グレブナー基底の計算アルゴリズム …………………… 109
   - 3.5 斉次化によるグレブナー基底の計算 …………………… 116

4. 多項式の巾と b 関数 ·· 121
   4.1 多項式の巾と D 加群 ··· 121
   4.2 b 関 数 ··· 131
   4.3 局所 b 関数と準素イデアル分解 ····························· 137

5. D 加群の制限と積分 ·· 145
   5.1 D 加群の制限とその計算アルゴリズム ······················· 145
   5.2 局所コホモロジーへの応用 ····································· 159
   5.3 D 加群の積分とその計算アルゴリズム ······················· 165

6. (付録) 数式処理システムについて ···································· 171
   6.1 Risa/Asir ·· 171
   6.2 kan/sm1 ··· 182

あ と が き ··· 187

索　　引 ··· 191

編集者との対話 ··· 195

1

微分方程式を線形代数で考える

 この章では線形常微分作用素 P を適当な「関数空間」V から V への線形写像と見て，その核と像を求める問題を考察する．V としては多項式全体，べき級数全体，有理関数全体などのなすベクトル空間を考える．すると V は無限次元ベクトル空間なので，P は無限次元の行列で表現されることになり，そのままでは計算できないが，実は有限次元のベクトル空間の間の線形写像の計算に帰着されることを示す．このように本来無限の世界で定義された量の計算を，有限の世界での計算に帰着させようというのが，本書全体を通してのモチーフの一つである．

1.1 線形写像と連立1次方程式—ガウスの消去法

 線形代数で重要な計算の一つは連立1次方程式の解法である．その説明の過程で，行列の基本変形や階数 (ランク) などの基本概念が登場するというのが，線形代数の講義の前半の山場であることが多いと思う．連立1次方程式の解法は計算数学の立場からも基本的な話題なので，微分方程式の話に入る前にざっと復習しておこう．ただし本書で扱う「計算」は通常の数学と同じく厳密な計算のみであり，数値解析で重要な近似計算とその誤差の問題は扱わない．
 まず数 (スカラー) の集合 K を決めておく必要がある．代数の専門用語で言えば我々は K を標数 0 の体とする．**体** (たい) というのは加減乗除の四則演算が (0 で割ることを除いて) 自由に行えて，加法と乗法に関する結合法則と交換法則，それから分配法則が成り立つような集合のことである．さらに「標数 0」

というのは乗法の単位元 1 をいくつ足しても決して 0 にならないことを意味する．これは当り前のように思われるかもしれないが，インターネットなどの通信の機密保持や信頼性向上のために重要な暗号や符号という技術では，1 をいくつか足すと 0 になるような標数正の体が実際に使われている．ただし微分方程式に関連した問題では，標数が正の体ではいろいろと不都合が起こり得るので，本書では K の標数は 0 と仮定する．

標数 0 の体の例としては，小学校以来おなじみの有理数全体の集合 (有理数体) $\mathbb{Q}$ を始め，実数全体の集合 (実数体) $\mathbb{R}$ や複素数全体の集合 (複素数体) $\mathbb{C}$ がある．K はこの 3 つのうちのどれかであると考えておけば十分である．理論的には，たとえば正方行列の対角化のときのように，複素数体 $\mathbb{C}$ で考えるのが最も便利であるが，計算の観点からは有理数体 $\mathbb{Q}$ の範囲で考えるのが簡明である．実際 $K=\mathbb{Q}$ の場合には，この章で説明する計算法 (アルゴリズム) はすべてコンピュータで正確に実行することができる．興味のある読者は，適当な数式処理ソフトを用いてプログラミングしてみると良いだろう．

さて V,W を K 上のベクトル空間として，$T:V \to W$ を線形写像とする．V と W の次元をそれぞれ n,m とすると，ベクトル空間として V と W は数ベクトル空間 K^n と K^m にそれぞれ同型になる．具体的に言えば，V の基底 $\{e_1,\ldots,e_n\}$ と W の基底 $\{e'_1,\ldots,e'_m\}$ をとれば，V の元 v は K の元 $c_1,\ldots,c_n$ によって一通りに

$$v = c_1 e_1 + \cdots + c_n e_n$$

と表され，W の元 w は K の元 $b_1,\ldots,b_m$ によって一通りに

$$w = b_1 e'_1 + \cdots + b_m e'_m$$

と表されるので，対応

$$V \ni v \mapsto \begin{pmatrix} c_1 \\ \vdots \\ c_n \end{pmatrix} \in K^n, \quad W \ni w \mapsto \begin{pmatrix} b_1 \\ \vdots \\ b_m \end{pmatrix} \in K^m$$

がベクトル空間としての同型写像 (1 対 1 かつ上への線形写像) となるのであっ

た．従って
$$Te_j = \sum_{i=1}^m a_{ij} e'_i \quad (j=1,\ldots,n)$$
を満たす K の元 a_{ij} が一意的に決まる．T は線形だから $v = c_1 e_1 + \cdots + c_n e_n$ のとき
$$Tv = \sum_{j=1}^n c_j Te_j = \sum_{i=1}^m \left(\sum_{j=1}^n a_{ij} c_j \right) e'_i$$
である．すなわち a_{ij} を (i,j) 成分とする $m \times n$ 行列を A で表せば，線形写像 T が数ベクトル空間の間の
$$K^n \ni \begin{pmatrix} c_1 \\ \vdots \\ c_n \end{pmatrix} \longmapsto A \begin{pmatrix} c_1 \\ \vdots \\ c_n \end{pmatrix} = \begin{pmatrix} a_{11} & \cdots & a_{1n} \\ a_{21} & \cdots & a_{2n} \\ \vdots & & \vdots \\ a_{m1} & \cdots & a_{mn} \end{pmatrix} \begin{pmatrix} c_1 \\ \vdots \\ c_n \end{pmatrix} \in K^m$$
という写像として表現されたことになる．従って「W の元 $w = b_1 e'_1 + \cdots + b_m e'_m$ が与えられたとき，$Tv = w$ を満たす $v \in V$ をすべて求めよ」という問題は，$v = x_1 e_1 + \cdots + x_n e_n$ とおけば，連立1次方程式
$$A \begin{pmatrix} x_1 \\ \vdots \\ x_n \end{pmatrix} = \begin{pmatrix} b_1 \\ \vdots \\ b_m \end{pmatrix} \tag{1.1}$$
を満たす $x_1,\ldots,x_n$ を求めることと同値になる．この方程式を解くための**ガウスの消去法**を説明しよう．まず拡大係数行列と呼ばれる
$$\widetilde{A} = \begin{pmatrix} a_{11} & \cdots & a_{1n} & b_1 \\ a_{21} & \cdots & a_{2n} & b_2 \\ \vdots & & \vdots & \vdots \\ a_{m1} & \cdots & a_{mn} & b_m \end{pmatrix}$$
という行列を考える．この行列に**行基本変形** (左基本変形ともいう) を施して簡単な形にするのである．行基本変形というのは，

(1) 二つの行を入れ換える.
(2) ある行に 0 でないスカラー (K の元) を掛ける.
(3) ある行に他の行のスカラー倍を加える.

の 3 種類の操作を何回か (もちろん有限回) 続けて行うことである. これはある特別な形の m 次正則行列を $\widetilde{A}$ に左から掛けることに対応している.

一般に 0 でない行ベクトルに対して, その 0 でない成分のうち一番左にあるものを**主成分**, その添字を**主添字**と呼ぼう (これらは本書での仮の用語である). たとえば $(0,0,-2,0,1)$ の主成分は -2, 主添字は 3 である. 0 ベクトルの主成分や主添字はないとする.

また一般に行列 A が,
(1) A のおのおのの行ベクトルについて, それが 0 ベクトルでなければ, その主成分は 1 である.
(2) A の行ベクトルのうち 0 ベクトルでないものの主添字はすべて相異なる.
(3) おのおのの行ベクトルの主成分を含む A の列ベクトルは, 一つの成分が 1 で他の成分はすべて 0.
(4) A の行ベクトルのうち 0 ベクトルでないものは, その主添字が小さいものから順に並んでいる.
(5) A の行ベクトルのうち 0 ベクトルであるものは, そうでない行ベクトルより下にある.

という 5 つの条件を満たすとき A を**階段行列**と呼ぼう. このうち条件 (4),(5) は, 行を入れ換えて行列を見やすくしているだけであり, 本質的な条件ではない.

さて, 拡大係数行列 $\widetilde{A}$ に行基本変形を施して $\widetilde{A}$ の最後の列を除いた行列 A が階段行列になるようにできることがわかる. 行基本変形によって連立 1 次方程式 (1.1) は同値に保たれるので, このとき (1.1) を未知数 $x_1, \ldots, x_n$ に関して解くことは容易である.

さらに $b_1, \ldots, b_m$ を不定元 (変数) とみなして行基本変形を行えば, (1.1) を満たす $x_1, \ldots, x_n$ が存在するための $b_1, \ldots, b_m$ に対する条件を求めることもできる. あるいは不定元を用いずに, 次節の最後に述べるように A と m 次単位行列を並べてできる行列に行基本変形を施す, という方法もある.

たとえば連立 1 次方程式

1.1 線形写像と連立1次方程式—ガウスの消去法

$$\begin{pmatrix} 1 & 0 & -2 & 3 \\ 2 & -3 & 0 & 4 \\ 0 & -3 & 4 & -2 \end{pmatrix} \begin{pmatrix} x_1 \\ x_2 \\ x_3 \\ x_4 \end{pmatrix} = \begin{pmatrix} b_1 \\ b_2 \\ b_3 \end{pmatrix} \quad (1.2)$$

を考えよう．b_1, b_2, b_3 を不定元とみなして拡大係数行列に行基本変形を施すと

$$\begin{pmatrix} 1 & 0 & -2 & 3 & b_1 \\ 2 & -3 & 0 & 4 & b_2 \\ 0 & -3 & 4 & -2 & b_3 \end{pmatrix} \longrightarrow \begin{pmatrix} 1 & 0 & -2 & 3 & b_1 \\ 0 & -3 & 4 & -2 & b_2 - 2b_1 \\ 0 & -3 & 4 & -2 & b_3 \end{pmatrix}$$

$$\longrightarrow \begin{pmatrix} 1 & 0 & -2 & 3 & b_1 \\ 0 & 1 & -\frac{4}{3} & \frac{2}{3} & \frac{2}{3}b_1 - \frac{1}{3}b_2 \\ 0 & 0 & 0 & 0 & 2b_1 - b_2 + b_3 \end{pmatrix}$$

となる．第1行の主添字は 1，第2行の主添字は 2 である．連立1次方程式 (1.2) が解けるための必要十分条件は $2b_1 - b_2 + b_3 = 0$ である．この条件のもとで，主添字に対応しない x_3 と x_4 を任意定数として，主添字に対応する変数 x_1 と x_2 について解いた式

$$x_1 = 2x_3 - 3x_4 + b_1,$$
$$x_2 = \frac{4}{3}x_3 - \frac{2}{3}x_4 + \frac{2}{3}b_1 - \frac{1}{3}b_2$$

が (1.2) の一般解である．特に，同次方程式，すなわち $b_1 = b_2 = b_3 = 0$ のときの (1.2) の解は，x_3, x_4 を任意定数として

$$\begin{pmatrix} x_1 \\ x_2 \\ x_3 \\ x_4 \end{pmatrix} = x_3 \begin{pmatrix} 2 \\ \frac{4}{3} \\ 1 \\ 0 \end{pmatrix} + x_4 \begin{pmatrix} -3 \\ -\frac{2}{3} \\ 0 \\ 1 \end{pmatrix}$$

と表される．これから，2つの縦ベクトル ${}^t(2, \frac{4}{3}, 1, 0)$ と ${}^t(-3, -\frac{2}{3}, 0, 1)$ が同次方程式の解全体のなすベクトル空間の基底になっていることがわかる．(^{t} は転置行列を表す記号だから，この場合は横ベクトルを縦ベクトルとみなすこと

を意味する．)

一般の場合には，(1.1) が解けるための必要十分条件は，$\widetilde{A}$ を行基本変形で最後の列を除いた行列 A が階段行列になるようにしたとき，$\widetilde{A}$ の最後の列の成分を $b'_1, \ldots, b'_m$ とおくと，A の i 番目の行ベクトルが 0 ベクトルであれば，$b'_i = 0$ となることである．($b'_1, \ldots, b'_m$ と最初の $b_1, \ldots, b_m$ とは互いに正則行列による変換で移りあう．) この条件が満たされるときは，上記の例のように，主添字に対応しない変数を任意定数として，(1.1) の一般解が表される．このとき，もとの行列 A のランク $r = \text{rank}\, A$ は主成分 (を持つような行) の個数に等しい．同次方程式の解は，主添字に対応しない $n - \text{rank}\, A$ 個の変数を任意定数として表示できるから，線形写像 T の核 (kernel)

$$\text{Ker}\, T := \{v \in V \mid Tv = 0\}$$

は V の $n - r = \dim V - \text{rank}\, A$ 次元の部分ベクトル空間である．また，非同次方程式 (1.1) に対する上記の可解性の条件から，T の像 (image)

$$\text{Im}\, T := \{Tv \mid v \in V\}$$

は W の $r = \text{rank}\, A$ 次元の部分ベクトル空間であることがわかる．たとえば (1.2) の例では，$\text{Ker}\, T$ は $4 - \text{rank}\, A = 2$ 次元であり，$\text{Im}\, T$ は $\text{rank}\, A = 2$ 次元である．

問題 1.1. 適当な数式処理ソフトを用いて，有理数を成分とする行列 A の拡大係数行列に行基本変形を施して，最後の列を除いた行列が階段行列の (1)–(3) の性質を満たすようにするプログラムを作成せよ．さらにそれを用いて，A の表す線形写像 T の核の基底と，(1.1) が解けるための $b_1, \ldots, b_m$ に対する条件を出力するようなプログラムを作成せよ．

1.2　商ベクトル空間

商 (ベクトル) 空間については，線形代数の講義では触れられないことが多いと思われるが，特にこれから無限次元のベクトル空間の間の線形写像を考える

1.2 商ベクトル空間

ときは，不可欠の概念である．一般に V を (有限次元とは限らない) ベクトル空間とする．W を V の部分 (ベクトル) 空間としよう．このとき，V の 2 つの元 v, v' が同値 ($v \sim v'$) というのを，

$$v \sim v' \iff v - v' \in W$$

で定義しよう．この同値関係による商集合を V の W による**商 (ベクトル) 空間** (quotient space) と呼び V/W で表す．つまり V/W は V の 2 つの元の差が W に属するとき，その 2 つの元を同一視することによりできる集合である．$v \in V$ の属する V/W の同値類は

$$[v] := \{v' \in V \mid v' \sim v\}$$

で定義される V の部分集合である．集合としては $[v]$ は W を v だけ平行移動してできる V の部分集合 (アフィン部分空間と呼ばれる) $W + v$ である (図 1.1)．つまり V/W とは，W を平行移動してできる V のアフィン部分空間全体の集合である．それらの一つ一つをベクトルとみなすわけである．たとえば $V = \mathbb{R}^2$ のとき $W = \{(x, 0) \mid x \in \mathbb{R}\}$ (x 軸) とすると，V/W は x 軸に平行な直線の全体である．

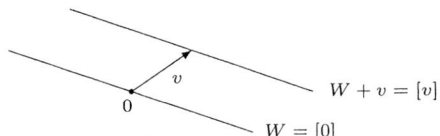

図 1.1 商空間 V/W における同値類 $[v]$

さて，$v, w \in V$ と $a, b \in K$ に対して

$$a[v] + b[w] = [av + bw]$$

と定義する．これは $[v]$ と $[w]$ のみで定まり，v, w の選び方によらない．実際，$v \sim v', w \sim w'$ とすると，

$$(av + bw) - (av' + bw') = a(v - v') + b(w - w') \in W$$

であるから，$[av+bw] = [av'+bw']$ である．これから V/W はベクトル空間になることがわかる．V/W の零ベクトルは 0 を含む同値類 $[0]$ である．従って $[0]$ を単に 0 とも書く．V の元にその同値類を対応させる写像

$$V \ni v \longmapsto [v] \in V/W$$

が線形写像であることも定義から容易にわかる．

V と W が有限次元のときは，それらの次元を $\dim V = n, \dim W = m$ とすると，V の基底 $\{e_1, \ldots, e_m, e_{m+1}, \ldots, e_n\}$ を $\{e_1, \ldots, e_m\}$ が W の基底になるようにとれる．このとき定義から $c_1, \ldots, c_n \in K$ に対して

$$[c_1 e_1 + \cdots + c_n e_n] = [c_{m+1} e_{m+1} + \cdots + c_n e_n],$$
$$[c_{m+1} e_{m+1} + \cdots + c_n e_n] = [0] \iff c_{m+1} = \cdots = c_n = 0$$

が成立するので，$[e_{m+1}], \cdots, [e_n]$ が V/W の基底になっている．従って次元の公式

$$\dim(V/W) = \dim V - \dim W$$

が成立する．

V, V' をベクトル空間，W を V の部分空間，W' を V' の部分空間とする．線形写像 $T: V \to V'$ が W の元を W' の元に移す，すなわち

$$T(W) := \{Tw \mid w \in W\} \subset W'$$

が成り立っているとすると，線形写像

$$\overline{T} : V/W \ni [v] \longmapsto [Tv] \in V'/W'$$

が定義される．実際 $[v] = [v']$ とすると $v - v' \in W$ だから $Tv - Tv' = T(v - v') \in W'$ すなわち $[Tv] = [Tv']$ となって，上の写像は v の同値類 $[v]$ だけで決まる．この $\overline{T}$ を T の**誘導する線形写像**という．

この特別な場合として，$T: V \to W$ を線形写像とすると，$\mathrm{Ker}\, T$ は V の部分空間である．$v \in V$ の $V/\mathrm{Ker}\, T$ における同値類を $[v]$ とすると，T は線形写像

$$\overline{T} \ : \ V/\mathrm{Ker}\, T \ni [v] \longmapsto Tv \in W$$

を誘導する．$[v] = [v']$ とすると $Tv - Tv' = T(v - v') = 0$ だからである．このとき $\overline{T}$ は単射 (1対1の写像) である．実際 $\overline{T}[v] = Tv = 0$ とすると $v \in \mathrm{Ker}\, T$ だから $[v] = [0]$．特に線形写像

$$\overline{T} \ : \ V/\mathrm{Ker}\, T \ni [v] \longmapsto Tv \in \mathrm{Im}\, T$$

は同型写像，すなわち全単射 (1対1かつ上への写像) である．これを (線形写像に対する) **準同型定理**という．

一般に $T : V \to W$ を線形写像とするとき，商ベクトル空間

$$\mathrm{Coker}\, T := W/\mathrm{Im}\, T$$

を T の**余核** (cokernel) という．V, W が共に有限次元ならば，T のランクを r とするとき

$$\dim \mathrm{Coker}\, T = \dim W - \dim \mathrm{Im}\, T = \dim W - r$$

となる．準同型定理から

$$\dim V - \dim \mathrm{Ker}\, T = \dim (V/\mathrm{Ker}\, T) = \dim \mathrm{Im}\, T$$

が成立するから，

$$\begin{aligned}\dim \mathrm{Ker}\, T - \dim \mathrm{Coker}\, T &= \dim \mathrm{Ker}\, T + \dim \mathrm{Im}\, T - \dim W \\ &= \dim V - \dim W\end{aligned}$$

は T の階数によらないことに注意しておこう．この左辺の量を線形写像 T の**指数** (index) と呼び $\mathrm{ind}\, T$ で表す．すなわち

$$\mathrm{ind}\, T := \dim \mathrm{Ker}\, T - \dim \mathrm{Coker}\, T$$

である．線形写像 T に対して $\mathrm{Ker}\, T$ と $\mathrm{Coker}\, T$ を考えるのがホモロジー代数の第一歩である．次節以降で考える場合のように，V, W が無限次元のときで

も，$\operatorname{Ker} T$ と $\operatorname{Coker} T$ は有限次元となって $\operatorname{ind} T$ が定義できる場合がある．

商ベクトル空間の基底もガウスの消去法で求めることができる．前節の記号を用いて，線形写像 $T: V \to W$ が $m \times n$ 行列 A で表現されているとしよう．A に行基本変形を施して階段行列にしたとき，$\mathbf{0}$ ベクトルでない各行の主添字を $n_1 < n_2 < \cdots < n_r$ とする．このとき，V の基底 $\{e_1, \ldots, e_n\}$ のうちで，主添字に対応するものの同値類の集合 $\{[e_{n_1}], \ldots, [e_{n_r}]\}$ が $V/\operatorname{Ker} T$ の基底となる．

理由を説明しておこう．簡単のため，添字を入れ換えて，$n_i = i$ であるとしよう．A を行基本変形で変形した階段行列を A' とすれば，$c_1, \ldots, c_r \in K$ に対して，

$$c_1 e_1 + \cdots + c_r e_r \in \operatorname{Ker} T \quad \Leftrightarrow \quad A' \begin{pmatrix} c_1 \\ \vdots \\ c_r \\ 0 \\ \vdots \\ 0 \end{pmatrix} = 0 \quad \Leftrightarrow \quad c_1 = \cdots = c_r = 0$$

となることは，階段行列の定義から直ちにわかる．よって $[e_1], \ldots, [e_r]$ は $V/\operatorname{Ker} T$ において 1 次独立である．また，前節で述べた同次方程式の解き方から，$\operatorname{Ker} A$ の基底として

$$\begin{pmatrix} c_{r+1,1} \\ \vdots \\ c_{r+1,r} \\ 1 \\ 0 \\ \vdots \\ 0 \end{pmatrix}, \quad \cdots, \quad \begin{pmatrix} c_{n,1} \\ \vdots \\ c_{n,r} \\ 0 \\ \vdots \\ 0 \\ 1 \end{pmatrix}$$

という形の $n - r$ 個のベクトルがとれるから，$V/\operatorname{Ker} T$ において

$$[e_i] = -\sum_{j=1}^{r} c_{ij}[e_j] \qquad (r+1 \le i \le n)$$

が成り立つ．従って $V/\operatorname{Ker} T$ は $[e_1], \ldots, [e_r]$ で張られる．

余核 $\operatorname{Coker} T$ の基底を求めるには，前節の方法で求めた可解性の条件を $b_1, \ldots, b_m$ に関する連立1次方程式とみて，この方法を適用すればよい．あるいはまとめて次のようにしてもよい：

線形写像 T の表す $m \times n$ 行列 A と m 次単位行列を並べてできる $m \times (n+m)$ 行列に行基本変形を施して階段行列にしたとき，$n+1$ 以上の主添字に対応する m 次元単位ベクトルの同値類達が $\operatorname{Coker} T$ の基底になる．

たとえば前節の例 (1.2) の定義する線形写像を $T: K^4 \to K^3$ とするとき，単位行列を加えた行列に行基本変形を行うと，

$$\begin{pmatrix} 1 & 0 & -2 & 3 & | & 1 & 0 & 0 \\ 2 & -3 & 0 & 4 & | & 0 & 1 & 0 \\ 0 & -3 & 4 & -2 & | & 0 & 0 & 1 \end{pmatrix}$$
$$\longrightarrow \begin{pmatrix} 1 & 0 & -2 & 3 & | & 1 & 0 & 0 \\ 0 & -3 & 4 & -2 & | & -2 & 1 & 0 \\ 0 & -3 & 4 & -2 & | & 0 & 0 & 1 \end{pmatrix}$$
$$\longrightarrow \begin{pmatrix} 1 & 0 & -2 & 3 & | & 1 & 0 & 0 \\ 0 & 1 & -\frac{4}{3} & \frac{2}{3} & | & \frac{2}{3} & -\frac{1}{3} & 0 \\ 0 & 0 & 0 & 0 & | & 1 & -\frac{1}{2} & \frac{1}{2} \end{pmatrix}$$

となる．従って，主添字 $1, 2$ に対応する ${}^t(1,0,0,0)$ と ${}^t(0,1,0,0)$ の同値類が $K^4/\operatorname{Ker} T$ の基底となる．さらに (1.2) の可解条件は $b_1 - \frac{1}{2}b_2 + \frac{1}{2}b_3 = 0$ であり，最後の行の主添字に対応する単位ベクトル ${}^t(1,0,0)$（ここでは右側の 3×3 行列の部分に着目している）の同値類が $\operatorname{Coker} T$ の基底となる．もちろん基底の取り方は一通りではない．この場合で言えば，たとえば ${}^t(0,1,0)$ の同値類も，${}^t(0,0,1)$ の同値類も $\operatorname{Coker} T$ の基底である．

1.3 微分作用素

x を一つの変数 (不定元または文字と言ってもよい) として，K の元を係数とするような x についての多項式の全体のなす集合を $K[x]$ で表す．$K[x]$ は自然な加法と乗法によって環と呼ばれる性質を満たすので，K 係数の**多項式環**と呼ばれる．多項式のスカラー倍も自然に定義されるので，$K[x]$ は K 上のベクトル空間にもなっている．多項式の定義から，単項式 $1, x, x^2, x^3, \ldots$ の全体が $K[x]$ のベクトル空間としての基底になっていることは明らかであろう．従って $K[x]$ は無限次元のベクトル空間である．

x の関数を x について微分する，という操作を

$$\partial = \frac{d}{dx}$$

で表そう．(∂ は通常は偏微分に対して使われる記号であるが，後で扱う多変数の場合と記号を合わせておく．) この「作用素」∂ は微分可能な関数に作用するわけだが，ここではとりあえず多項式に作用すると考えておこう．具体的に書けば，多項式

$$f = f(x) = a_n x^n + a_{n-1} x^{n-1} + \cdots + a_1 x + a_0 \quad (a_0, \ldots, a_n \in K)$$

に対して

$$\partial f = f' = n a_n x^{n-1} + (n-1) a_{n-1} x^{n-2} + \cdots + a_1$$

と定義される．この作用は極限を使って定義しているわけではないので，たとえば K が有理数体の場合でも差し支えない．K の四則演算のみを用いて定義されている，という意味で純粋に代数的な定義である．

この作用によって ∂ が線形写像

$$\partial : K[x] \ni f \longmapsto \partial f \in K[x]$$

を引き起こすことは微分の定義から明らかであろう．

次に多項式 $a(x)$ を固定するとき，$a(x)$ 倍するという写像

$$a \ : \ K[x] \ni f(x) \longmapsto a(x)f(x) \in K[x]$$

も線形写像である．そこで

定義 1.1. $a_0(x), \ldots, a_m(x) \in K[x]$ として

$$P = a_m(x)\partial^m + a_{m-1}(x)\partial^{m-1} + \cdots + a_1(x)\partial + a_0(x) \tag{1.3}$$

という形の式を**多項式係数の線形常微分作用素**と呼ぶ．この章では単に**微分作用素** (differential operator) と略称する．$P = 0$ とは，すべての係数 $a_0(x)$, $\ldots$, $a_m(x)$ が 0 多項式であることとする．$a_m(x) \neq 0$, つまり $a_m(x)$ が 0 多項式でないとき，m を微分作用素 P の**階数** (order) と呼び $m = \mathrm{ord}\, P$ で表す．

多項式 f に対して $\partial^i f$ を，∂ を f に i 回施したもの，つまり f の i 階微分とすると，P の f への作用は

$$Pf = \sum_{i=0}^m a_i(x)\partial^i f \tag{1.4}$$

で定義される．この写像

$$P \ : \ K[x] \ni f \longmapsto Pf \in K[x]$$

が線形写像であることは明らかであろう．

補題 1.2. 微分作用素 P の引き起こす線形写像 $P : K[x] \to K[x]$ が 0 写像 ($K[x]$ のすべての元を 0 に移す) とすると，$P = 0$ である．

証明: (1.3) が 0 写像を引き起こすとすると，任意の多項式 f に対して $Pf = 0$ である．特に $f = 1$ として

$$0 = P1 = a_0(x)$$

を得る．次に $f = x$ とすると
$$0 = Px = a_1(x) + a_0(x)x.$$
これと $a_0(x) = 0$ から $a_1(x) = 0$ を得る．以下同様にして，すべての $i = 0, \ldots, m$ に対して $a_i(x) = 0$ であることがわかる．(証了)

この補題から，微分作用素 P とは，$K[x]$ から $K[x]$ への線形写像であって，具体的に微分と多項式倍を用いて (1.4) の形に表せるようなもの，と言ってもよい．ただし $K[x]$ から $K[x]$ への任意の線形写像が微分作用素であるわけではない．

例 1.3. 線形写像
$$T \;:\; K[x] \ni f(x) \longmapsto f(x+1) \in K[x]$$
は微分作用素ではない．実際，もし T が (1.3) の微分作用素 P で表されたとすると Px^{m+1} の定数項は 0 でなければならないが，一方 $Tx^{m+1} = (x+1)^{m+1}$ の定数項は 1 である．

1.4　微分方程式の多項式解

微分作用素 P が与えられたとき，P の引き起こす線形写像 $P : K[x] \to K[x]$ の核 $\mathrm{Ker}\, P$ と像 $\mathrm{Im}\, P$ を求めることを考えてみよう．多項式に作用させていることを明示したいときは $\mathrm{Ker}\,(P : K[x] \to K[x])$ とも表す．P の核
$$\mathrm{Ker}\, P = \{u(x) \in K[x] \mid Pu(x) = 0\}$$
は，同次微分方程式 $Pu(x) = 0$ の解 $u(x)$ 全体のなすベクトル空間であり，P の像
$$\mathrm{Im}\, P = \{Pu(x) \mid u(x) \in K[x]\}$$
は非同次微分方程式 $Pu(x) = f(x)$ が解 $u(x)$ を持つような多項式 $f(x)$ の全体である．たとえば

1.4 微分方程式の多項式解

$$\mathrm{Ker}\,\partial = K \quad \text{(定数全体)}, \qquad \mathrm{Im}\,\partial = K[x]$$

であることは微分の定義からすぐわかる．後者は多項式の原始関数 (不定積分) がまた多項式であることを意味している．

さて $K[x]$ の基底 $\{1, x, x^2, x^3, \ldots\}$ を用いて線形写像 P を表示すると無限行列になるので，直接ガウスの消去法で核と像を計算するのは無理である (そもそも無限行列はコンピュータに入力できない!)．多項式の次数を制限することで，有限次元のベクトル空間の間の線形写像の計算に置き換えよう，というのがこれからの方針である．まずいくつか記号を決めておこう．次数 k 以下の多項式全体の集合を F_k で表す．$1, x, \ldots, x^k$ が F_k の基底になるから，F_k は $K[x]$ の $k+1$ 次元部分空間である．便宜上 $k < 0$ のときは $F_k = \{0\}$ としておく．多項式 f の次数を $\deg f$ で表す．多項式 0 の次数は $-\infty$ としておくと便利である．(ただし，0 でない定数多項式の次数は 0 であることに注意．) すると

$$F_k := \{f \in K[x] \mid \deg f \leq k\}$$

と定義してもよい．

一般の場合は後回しにして，具体例として

$$P = (x^2+1)\partial - 2x$$

の場合を考えよう．P を単項式 x^i に作用させると

$$Px^i = \begin{cases} -2x & (i = 0) \\ (i-2)x^{i+1} + ix^{i-1} & (i \geq 1) \end{cases} \tag{1.5}$$

となるから，P は $K[x]$ の基底 $\{1, x, x^2, \cdots\}$ によって

$$\begin{pmatrix} 0 & 1 & 0 & 0 & \cdots \\ -2 & 0 & 2 & 0 & \cdots \\ 0 & -1 & 0 & 3 & \cdots \\ 0 & 0 & 0 & 0 & \cdots \\ 0 & 0 & 0 & 1 & \cdots \\ \vdots & \vdots & \vdots & \vdots & \end{pmatrix}$$

という無限行列で表現される．P は k 次多項式を高々 $k+1$ 次の多項式に移すから，各整数 k に対して線形写像

$$P : F_k \longrightarrow F_{k+1}$$

を引き起こすことに注意しておこう．

さて P を n 次多項式

$$u = c_n x^n + c_{n-1} x^{n-1} + \cdots + c_1 x + c_0 \qquad (c_0, \ldots, c_n \in K, c_n \neq 0) \quad (1.6)$$

に作用させると，(1.5) から

$$Pu = (n-2) c_n x^{n+1} + (n \text{ 次以下の多項式})$$

となることがわかる．従って $Pu = 0$ ならば $n = 2$ でなければならない．つまり

$$\mathrm{Ker}\,(P : K[x] \to K[x]) = \mathrm{Ker}\,(P : F_2 \to F_3)$$

である．これで核については解決したが，像の方は上記の ∂ のときのように，一般に無限次元になってしまうので，その (無限個の!) 基底を具体的に求めるのは一般には困難であろう．そこで代わりに余核 $\mathrm{Coker}\,P$ を考察してみよう．F_3 を $K[x]$ に埋め込む写像 (恒等写像) はもちろん線形で，F_3 の部分空間 $P(F_2)$ を $K[x]$ の部分空間 $P(K[x]) = \mathrm{Im}\,P$ に移すから，線形写像

$$\varphi \;:\; \mathrm{Coker}\,(P : F_2 \to F_3) = F_3 / P(F_2)$$
$$\longrightarrow K[x]/P(K[x]) = \mathrm{Coker}\,(P : K[x] \to K[x])$$

を誘導する．実はこの φ が同型写像になるのである．言いかえれば

(1) $f \in F_3$ が $P(K[x])$ に属せば，ある $u \in F_2$ が存在して $f = Pu$ が成り立つ．

(2) 任意の $f \in K[x]$ に対して，ある $u \in K[x]$ と $g \in F_3$ があって，$f = Pu + g$ が成り立つ．

この事実は後で一般の場合に証明することにして (定理 1.4)，ここではこれを認めて先に進もう．すると $\mathrm{Ker}\,P$ と $\mathrm{Coker}\,P$ の基底を求めるには，線形写像

$P : F_2 \to F_3$ を考えればよいことになる．F_2 の元を $u = c_0 + c_1 x + c_2 x^2$，$F_3$ の元を $f = b_0 + b_1 x + b_2 x^2 + b_3 x^3$ とすると，微分方程式 $Pu = f$ は連立 1 次方程式

$$\begin{pmatrix} 0 & 1 & 0 \\ -2 & 0 & 2 \\ 0 & -1 & 0 \\ 0 & 0 & 0 \end{pmatrix} \begin{pmatrix} c_0 \\ c_1 \\ c_2 \end{pmatrix} = \begin{pmatrix} b_0 \\ b_1 \\ b_2 \\ b_3 \end{pmatrix}$$

と同値である．この拡大係数行列に行基本変形を行うと

$$\begin{pmatrix} 0 & 1 & 0 & b_0 \\ -2 & 0 & 2 & b_1 \\ 0 & -1 & 0 & b_2 \\ 0 & 0 & 0 & b_3 \end{pmatrix} \longrightarrow \begin{pmatrix} 1 & 0 & -1 & -\frac{b_1}{2} \\ 0 & 1 & 0 & b_0 \\ 0 & 0 & 0 & b_0 + b_2 \\ 0 & 0 & 0 & b_3 \end{pmatrix}$$

となる．これから $\mathrm{Ker}\,(P : K[x] \to K[x])$ の基底は $\{x^2 + 1\}$ であり，$Pu = f$ を満たす $u \in F_2$ が存在するための必要十分条件は

$$b_0 + b_2 = 0, \quad b_3 = 0$$

であることがわかる．この連立 1 次方程式に対応する係数行列

$$\begin{pmatrix} 1 & 0 & 1 & 0 \\ 0 & 0 & 0 & 1 \end{pmatrix}$$

は既に階段行列だから，$\mathrm{Coker}\,(P : K[x] \to K[x])$ の基底として，$[1]$ と $[x^3]$ をとれることがわかる．特に線形写像 $P : K[x] \to K[x]$ の指数は

$$\mathrm{ind}\,(P : K[x] \to K[x]) = 1 - 2 = -1$$

である．一般の (4 次以上の) 多項式 f が与えられたとき $Pu = f$ を満たす多項式 u が存在するかどうか判定し，もし存在すれば具体的に求めるためには，$n = \max\{3, \deg f\}$ として，線形写像

$$P : F_{n-1} \longrightarrow F_n$$

に対応する連立 1 次方程式を上のようにガウスの消去法で解けばよい.

さて一般の場合を考察しよう．微分作用素
$$P = \sum_{i=0}^{m} a_i(x) \partial^i \qquad (a_i(x) \in K[x], \quad a_m(x) \neq 0)$$
を考える．多項式 $a_i(x)$ を
$$a_i(x) = \sum_{j=0}^{m_i} a_{ij} x^j \qquad (a_{ij} \in K)$$
と展開すると
$$P = \sum_{i,j \geq 0} a_{ij} x^j \partial^i$$
である．ただし i, j は有限個の非負整数を動く．この各項 $x^j \partial^i$ の**重み** (weight) を $j-i$ と定義しよう．つまり x の重みを 1, ∂ の重みを -1 としているわけである．これは ∂ が x の次数を 1 減らすことに対応している．この重みの組 $(1, -1)$ を**重みベクトル** (weight vector) と呼ぶ．P の項の重みの最大
$$\operatorname{ord}_{(1,-1)} P := \max\{j - i \mid i, j \geq 0, \ a_{ij} \neq 0\}$$
を重みベクトル $(1,-1)$ に関する P の**階数** (order) という．$d = \operatorname{ord}_{(1,-1)} P$ とおくと，任意の整数 k に対して P は線形写像
$$P : F_k \longrightarrow F_{k+d}$$
を引き起こす．このとき重みベクトル $(1,-1)$ に関する P の**主部** (initial part) を
$$\operatorname{in}_{(1,-1)} P := \sum_{j-i=d} a_{ij} x^j \partial^i \qquad (1.7)$$
で定義する．つまり P の項のうちで重みが最大のものの和である．たとえば上記の $P = (x^2+1)\partial - 2x$ の場合，$\operatorname{ord}_{(1,-1)} P = 1$ で $\operatorname{in}_{(1,-1)} P = x^2 \partial - 2x$ である (図 1.2 を参照).

さて s を不定元として x^s という式を考えると，これに微分作用素を自然に作用させることができる．すなわち

1.4 微分方程式の多項式解

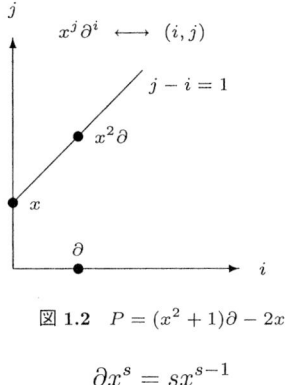

図 1.2 $P = (x^2+1)\partial - 2x$

$$\partial x^s = sx^{s-1}$$

と定義する．すると

$$(\mathrm{in}_{(1,-1)}P)x^s = \sum_{j-i=d} s(s-1)\cdots(s-i+1)a_{ij}x^{s+d} = b(s)x^{s+d}$$

と表せる．$b(s)$ は P から定まる s の多項式である．この $b(s)$ を重みベクトル $(1,-1)$ に関する P の b 関数 または **決定多項式** (indicial polynomial) と呼ぶ．$\mathrm{in}_{(1,-1)}P$ の階数を ℓ とすると，$b(s)$ は ℓ 次多項式である．たとえば，$P = (x^2+1)\partial - 2x$ の $(1,-1)$ に関する b 関数は $b(s) = s-2$ である．

定理 1.4. P を 0 でない微分作用素とする．$\mathrm{ord}_{(1,-1)}P = d$ として $(1,-1)$ に関する P の b 関数を $b(s)$ とする．-1 以上の整数 k_1 を，k が k_1 より大きな整数ならば $b(k) \neq 0$ であるように選ぶ．たとえば，$b(k) = 0$ を満たす非負整数 k で最大のものを (もしあれば) k_1 とすればよい．もし $b(k) = 0$ を満たす非負整数 k がなければ k_1 は -1 以上の任意の整数でよい．さてこのとき

$$\mathrm{Ker}\,(P : K[x] \to K[x]) = \mathrm{Ker}\,(P : F_{k_1} \to F_{k_1+d})$$

が成立する．さらに埋め込み写像 $F_{k_1+d} \to K[x]$ から誘導される線形写像

$$\mathrm{Coker}\,(P : F_{k_1} \to F_{k_1+d}) \longrightarrow \mathrm{Coker}\,(P : K[x] \to K[x])$$

は同型写像である．

証明: u を (1.6) の多項式とすると b 関数の定義から

$$Pu = c_n b(n) x^{n+d} + (n+d-1 \text{ 次以下の多項式})\tag{1.8}$$

と書けることがわかる．従って $Pu = 0$ なら $b(n) = 0$ でなければならない．k_1 のとり方から，もし $n > k_1$ ならば $b(n) \neq 0$ であるから，u は次数が k_1 以下 ($k_1 < 0$ ならば 0 多項式) であることになる．従って $u \in F_{k_1}$ である．これで最初の等式が証明された．

次に線形写像

$$\varphi : \mathrm{Coker}\,(P : F_{k_1} \to F_{k_1+d}) \longrightarrow \mathrm{Coker}\,(P : K[x] \to K[x])$$

が同型であることを示そう．まず単射であることを示すために，$f \in F_{k_1+d}$ が $\varphi([f]) = 0$ すなわち $f \in P(K[x])$ を満たすとすると，ある多項式 u があって $Pu = f$ が成り立つ．$k_1 + d < 0$ ならば $f = 0$ なので $u = 0$ とすればよい．そこで，$k_1 + d \geq 0$ かつ u は 0 多項式ではないと仮定しよう．u を (1.6) の多項式とする．$n = \deg u > k_1$ と仮定してみると，$b(n) \neq 0$ であるから (1.8) より $n + d = \deg f \leq k_1 + d$，すなわち $n \leq k_1$ となって矛盾である．よって $n \leq k_1$，すなわち $u \in F_{k_1}$ である．従って，いずれにせよ $f = Pu \in P(F_{k_1})$ であるから，φ は単射である．

最後に φ が全射であることを示そう．まず $k_1 + d \geq -1$ であることに注意しておこう．実際 $d < 0$ ならば，(1.7) の右辺においてつねに $i = j - d \geq -d$ だから $b(s)$ は $s(s-1)\cdots(s-(-d-1))$ で割り切れる．よって $k_1 \geq -d - 1$ でなければならない．従って，$d \geq 0$ の場合も込めて $k_1 + d \geq -1$ が成り立っている．

さて，f を任意の多項式とする．ある $g \in F_{k_1+d}$ があって $f - g \in P(K[x])$ となることを示せばよい．$i \geq \max\{k_1 + 1, -d, 0\}$ のとき

$$Px^i = b(i) x^{i+d} + (i+d-1 \text{ 次以下の多項式})$$

かつ $b(i) \neq 0$ であるから

$$x^{i+d} = \frac{1}{b(i)} Px^i + q_i(x) \qquad (q_i(x) \text{ は } i+d-1 \text{ 次以下の多項式})\tag{1.9}$$

と書けることがわかる．

$$f = b_n x^n + b_{n-1} x^{n-1} + \cdots + b_1 x + b_0$$

とおいて $n > k_1 + d$ と仮定すると，上の注意から $n \geq 0$ かつ $n-d \geq k_1 + 1 \geq 0$ であり，(1.9) を用いて $b_n x^n$ を書き換えて

$$f = \frac{b_n}{b(n-d)} P x^{n-d} + b_n q_{n-d}(x) + b_{n-1} x^{n-1} + \cdots + b_0$$

を得る．この右辺の第 2 項以降の和を g_1 とおけば，g_1 の次数は $n-1$ 以下で $f - g_1 \in \mathrm{Im}\, P$ である．

$n - 1 > k_1 + d$ ならば g_1 に上と同じ議論を適用して $g_1 - g_2 \in \mathrm{Im}\, P$ を満たす $g_2 \in F_{n-2}$ をとれる．このとき

$$f - g_2 = (f - g_1) + (g_1 - g_2) \in \mathrm{Im}\, P$$

である．この操作を繰り返せば，$k_1 + d$ 次以下の多項式 $g = g_{n-k_1-d}$ で $f - g \in \mathrm{Im}\, P$ を満たすものを構成できる．これで φ が全射であることが示された．(証了)

系 1.5. $d = \mathrm{ord}_{(1,-1)} P$ とおいて，$(1, -1)$ に関する P の b 関数を $b(s)$ とする．
 (1) $d < 0$ ならば $\dim \mathrm{Ker}\,(P : K[x] \to K[x]) \geq -d \geq 1$ である．
 (2) $d = 0$ のとき，$\dim \mathrm{Ker}\,(P : K[x] \to K[x]) \geq 1$ であるための必要十分条件は，$b(k) = 0$ を満たす非負整数 k が存在することである．

証明: $d < 0$ のとき定理 1.4 により，

$$\dim \mathrm{Ker}\, P = \dim \mathrm{Ker}\,(P : F_{k_1} \to F_{k_1 + d}) \geq k_1 - (k_1 + d) = -d \geq 1$$

である．$d = 0$ とする．$b(k) = 0$ を満たす非負整数 k があると仮定して，その中で最大のものを k_1 とおく．$P : F_{k_1} \to F_{k_1}$ を F_{k_1} の基底 $\{1, x, \ldots, x^{k_1}\}$ で表現した $(k_1 + 1)$ 次正方行列を A としよう．(1.8) と $b(k_1) = 0$ から $P x^{k_1}$

は高々 $k_1 - 1$ 次多項式であり，$0 \leq i \leq k_1 - 1$ のとき Px^i は高々 i 次であるから，A は上三角行列で，A の最後の行は 0 ベクトルであることがわかる．従って A のランクは k_1 以下だから

$$\dim \operatorname{Ker} P = \dim F_{k_1} - \operatorname{rank} A \geq (k_1 + 1) - k_1 = 1$$

である．もし $b(k) = 0$ を満たす非負整数 k が存在しなければ，定理 1.4 において $k_1 = -1$ とできるから，$\operatorname{Ker} P = F_{-1} = \{0\}$ である．(証了)

系 1.6. P を 0 でない微分作用素とすると

$$\operatorname{ind}(P : K[x] \to K[x]) = -\operatorname{ord}_{(1,-1)} P.$$

証明: 定理 1.4 において $k_1 \geq -1$ を，$k_1 + d \geq -1$ を満たすように選べるから，

$$\begin{aligned}
\operatorname{ind}(P : K[x] \to K[x]) &= \operatorname{ind}(P : F_{k_1} \to F_{k_1+d}) \\
&= \dim F_{k_1} - \dim F_{k_1+d} \\
&= (k_1 + 1) - (k_1 + d + 1) \\
&= -d
\end{aligned}$$

を得る．(証了)

さて一般に $b(k) = 0$ を満たす整数 k をすべて求めるにはどうすれば良いだろうか？ $b(s)$ の因数分解 (既約分解) ができればもちろん十分だが，$K = \mathbb{Q}$ の場合はもっと簡単にできる．この場合は $b(s)$ の係数は有理数だから，分母を払って整数係数としてよい．つまり

$$b(s) = b_\ell s^\ell + b_{\ell-1} s^{\ell-1} + \cdots + b_0 \qquad (b_0, \ldots, b_\ell \in \mathbb{Z})$$

とおける．もし定数項 b_0 が 0 ならば $s = 0$ は整数解である．このときは $b(s)$ を s で，割り切れなくなるまで割っておけば，$b_0 \neq 0$ とできる．さらに係数 $b_0, \ldots, b_\ell$ の最大公約数は 1 としてよい．(このとき $b(s)$ は原始多項式であるという．) 整数 k が $b(k) = 0$ を満たせば，

$$b_0 = -b_\ell k^\ell - \cdots - b_1 k$$

より，k は b_0 の約数であることがわかる．従って，b_0 の約数を一つ一つ $b(s)$ に代入してみれば，$b(k) = 0$ を満たす整数がすべて求まることになる．

例 1.7 (調和振動子とエルミートの微分方程式) $K \subset \mathbb{C}$, a を定数 $(a \in K)$ として微分作用素

$$Q = \partial^2 - x^2 + a$$

を考える．これは量子力学で調和振動子 (古典力学での単振動に対応) を表す作用素である．これを多項式全体ではなく

$$V = K[x]e^{-x^2/2} = \{u(x)e^{-x^2/2} \mid u(x) \in K[x]\}$$

という関数空間に作用させると，$u \in K[x]$ に対して

$$Q(u(x)e^{-x^2/2}) = (u''(x) - 2xu'(x) + (a-1)u(x))e^{-x^2/2}$$

となる．従って

$$P = \partial^2 - 2x\partial + a - 1$$

とおくと，線形写像 $Q: V \to V$ は $P: K[x] \to K[x]$ と同等である．$Pu = 0$ はエルミートの微分方程式と呼ばれる．$\mathrm{ord}_{(1,-1)}P = 0$ だから系 1.6 により，a の値に無関係に

$$\mathrm{ind}\,(Q: V \to V) = \mathrm{ind}\,(P: K[x] \to K[x]) = 0$$

であることがわかる．

$\mathrm{in}_{(1,-1)}P = -2x\partial + a - 1$ だから P の $(1, -1)$ に関する b 関数は $b(s) = -2s + a - 1$ である．よって a が正の奇数 $1, 3, 5, \ldots$ でなければ，定理 1.4 において $k_1 = -1$, $d = 0$ としてよいから，$P: K[x] \to K[x]$ は全単射である．従って $Q: V \to V$ も全単射．

そこで n を非負整数として $a = 2n + 1$ とおくと，$b(k) = 0 \Leftrightarrow k = n$ だから，定理 1.4 から

$$\mathrm{Ker}\,(P:K[x]\to K[x]) = \mathrm{Ker}\,(P:F_n\to F_n),$$
$$\mathrm{Coker}\,(P:K[x]\to K[x]) \simeq \mathrm{Coker}\,(P:F_n\to F_n)$$

である.（$\simeq$ は線形空間として同型であることを表す.）このとき

$$Px^i = 2(n-i)x^i + i(i-1)x^{i-2}$$

だから線形写像 $P:F_n\to F_n$ は $n+1$ 次正方行列

$$A = \begin{pmatrix} 2n & 0 & 2 & \cdots & \cdots & 0 & 0 \\ 0 & 2(n-1) & 0 & \ddots & & 0 & 0 \\ 0 & 0 & 2(n-2) & & \ddots & 0 & 0 \\ \vdots & \vdots & \vdots & \ddots & & \vdots & \vdots \\ 0 & 0 & 0 & & \ddots & (n-1)(n-2) & 0 \\ 0 & 0 & 0 & & & 0 & n(n-1) \\ 0 & 0 & 0 & & & 2 & 0 \\ 0 & 0 & 0 & \cdots & \cdots & 0 & 0 \end{pmatrix}$$

で表現される．A は上三角行列で対角成分は 1 つだけ 0 なので，ランクは n であることがわかる．よって $\mathrm{Ker}\,(Q:V\to V)$ と $\mathrm{Coker}\,(Q:V\to V)$ の次元は共に 1 である．

$$u(x) = c_0 + c_1 x + \cdots + c_n x^n$$

とおくと，

$$Q(u(x)e^{-x^2/2}) = 0 \quad \Leftrightarrow \quad Pu(x) = 0 \quad \Leftrightarrow \quad A\begin{pmatrix} c_0 \\ c_1 \\ \vdots \\ c_n \end{pmatrix} = 0$$

である．これを満たす多項式 $u(x)$ をエルミート多項式という．たとえば $n=3$ のとき

$$A = \begin{pmatrix} 6 & 0 & 2 & 0 \\ 0 & 4 & 0 & 6 \\ 0 & 0 & 2 & 0 \\ 0 & 0 & 0 & 0 \end{pmatrix}$$

だから,拡大係数行列に行基本変形を施すと

$$\begin{pmatrix} 6 & 0 & 2 & 0 & b_0 \\ 0 & 4 & 0 & 6 & b_1 \\ 0 & 0 & 2 & 0 & b_2 \\ 0 & 0 & 0 & 0 & b_3 \end{pmatrix} \longrightarrow \begin{pmatrix} 1 & 0 & 0 & 0 & \frac{b_0-b_2}{6} \\ 0 & 1 & 0 & \frac{3}{2} & \frac{b_1}{4} \\ 0 & 0 & 1 & 0 & \frac{b_2}{2} \\ 0 & 0 & 0 & 0 & b_3 \end{pmatrix}$$

となる.これから $\mathrm{Ker}\,(Q : V \to V)$ の基底として $(2x^3 - 3x)e^{-x^2/2}$, $\mathrm{Coker}\,(Q : V \to V)$ の基底として $[x^3 e^{-x^2/2}]$ がとれることがわかる.実は $Pu = 0$ をみたす多項式 u は (定数) $\times e^{x^2} \partial^n (e^{-x^2})$ と書けることが知られている (2 章の問題 2.2).量子力学では (適当な縮尺で) $a = 2n + 1$ が調和振動子のエネルギー準位,$u(x)e^{-x^2/2}$ が対応する波動関数を表している.gnuplot で描いた $n = 3$ に対応する波動関数のグラフを載せておこう (図 1.3).塗りつぶされた部分は波動関数の 2 乗 (粒子の存在確率密度に対応) を表している.

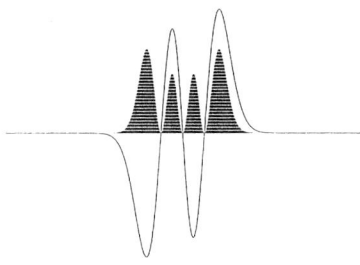

図 1.3 波動関数と存在確率密度 ($n = 3$)

例 1.8 (ガウスの超幾何微分方程式) $a, b, c \in K$ を定数として微分作用素

$$P = x(1-x)\partial^2 + (c - (a+b+1)x)\partial - ab$$

を考える．ガウスの超幾何微分方程式 $Pu = 0$ が 0 でない多項式解を持つための条件と，そのときの $\mathrm{Ker}(P : K[x] \to K[x])$ の次元を求めてみよう．$\mathrm{ord}_{(1,-1)}P = 0$ で

$$\mathrm{in}_{(1,-1)}P = -x^2\partial^2 - (a+b+1)x\partial - ab$$

だから P の $(1,-1)$ に関する b 関数は

$$b(s) = -s(s-1) - (a+b+1)s - ab = -(s+a)(s+b)$$

であり，系 1.5 によって，$\dim \mathrm{Ker}\, P \geq 1$ であるための必要十分条件は，a, b の少なくとも一方が 0 以下の整数であることである．そこで n を非負整数として $a = -n$ で b は $-n$ よりも小さい整数ではないとする．（P は a と b について対称なので，こう仮定しても一般性を失わない．）このとき

$$Px^i = -(i-n)(i+b)x^i + i(i+c-1)x^{i-1}$$

であるから，線形写像 $P : F_n \to F_n$ の基底 $\{1, x, \ldots, x^n\}$ による表示 A は $n+1$ 次の上三角行列で対角成分は $b(i) = -(i-n)(i+b)$ $(i = 0, 1, \ldots, n)$ となり，A の最後の行は 0 ベクトルであることがわかる．$b(i) = 0$ となる i は高々2個だから，A のランクは n または $n-1$ である．もし b が 0 以下の整数でなければ A のランクは n で $\dim \mathrm{Ker}\, P = 1$ である．b が 0 以下の整数とすると，仮定から $b = -m$ で，m は $0 \leq m \leq n$ を満たす整数である．$m = n$ ならば A のランクは n である．$0 \leq m \leq n-1$ としよう．A の第 (i,j) 成分を a_{ij} とおく．ただし添字 i, j は 0 から n までの範囲とする．$j = i$ または $j = i+1$ のとき以外は $a_{ij} = 0$ である．

さて上記の a, b に関する仮定のもとで，A のランクが $n-1$ になるための必要十分条件は，A の最後の行を除いてできる $n \times (n+1)$ 行列 A' の $n+1$ 個の n 次小行列式がすべて 0 になることである．A' の第 i 列を除いてできる n 次正方行列は

$$\begin{pmatrix} a_{00} & a_{01} & & & 0 & \cdots & \cdots & 0 \\ & a_{11} & \ddots & & \vdots & & & \vdots \\ & & \ddots & a_{i-2,i-1} & \vdots & & & \vdots \\ & & & a_{i-1,i-1} & 0 & \cdots & \cdots & 0 \\ \hline 0 & \cdots & \cdots & 0 & a_{i,i+1} & & & \\ \vdots & & & \vdots & a_{i+1,i+1} & \ddots & & \\ \vdots & & & \vdots & & \ddots & a_{n-2,n-1} & \\ 0 & \cdots & \cdots & 0 & & & a_{n-1,n-1} & a_{n-1,n} \end{pmatrix}$$

という形だから，ブロック分解によって A' の n 次小行列式は

$$a_{00} \cdots a_{i-1,i-1} a_{i,i+1} \cdots a_{n-1,n} \quad (i=0,\ldots,n)$$

であることがわかる．$a_{mm}=0$ で，$0 \leq i \leq m-1$ のときは $a_{ii} \neq 0$ だから，この条件は，$m \leq i \leq n-1$ の範囲のある i について $a_{i,i+1}=0$ となることと同値である．$a_{i,i+1}=(i+1)(i+c)$ だから，これはさらに c が $-n+1$ 以上 $-m$ 以下の整数であることと同値である．以上をまとめると次のようになる：

- $\dim \mathrm{Ker}\,(P: K[x] \to K[x]) = 2$ であるための必要十分条件は，a と b が相異なる 0 以下の整数で，c は $\min\{a,b\} < c \leq \max\{a,b\}$ を満たす整数であること．
- $\dim \mathrm{Ker}\,(P: K[x] \to K[x]) = 1$ であるための必要十分条件は，a または b が 0 以下の整数で，かつ上の条件が成立しないこと．
- それ以外，すなわち a も b も 0 以下の整数でなければ $\mathrm{Ker}\,(P: K[x] \to K[x]) = \{0\}$．

問題 1.2.

$$P = x(x-1)\partial - 2x + 1$$

に対して，$\mathrm{Ker}\,(P: K[x] \to K[x])$ と $\mathrm{Coker}\,(P: K[x] \to K[x])$ の基底を求めよ．

問題 1.3. a, c を定数 (K の元) として微分作用素

$$P = x\partial^2 + (a-x)\partial + c$$

を考える．$Pu = 0$ を満たす 0 でない多項式 u が存在するための条件を求めよ．また $c = 3$ のとき $\mathrm{Ker}\,(P : K[x] \to K[x])$ と $\mathrm{Coker}\,(P : K[x] \to K[x])$ の基底を求めよ．

問題 1.4. 数式処理ソフトを用いて，微分作用素 P をインプットすると，$\mathrm{Ker}\,(P : K[x] \to K[x])$ と $\mathrm{Coker}\,(P : K[x] \to K[x])$ の基底を出力するプログラムを作成せよ．ただし $K = \mathbb{Q}$ とする．微分作用素は，x と ∂ に対応する変数 (たとえば dx) に関する 2 変数多項式として入力すればよいので，多項式の計算ができる数式処理ソフトなら十分である．

1.5　微分方程式の巾級数解

　前節では多項式の範囲で微分方程式を考察したが，解析学の立場からは少々特殊な話題であった．ここではもう少し一般的な関数空間として，巾級数の全体を考えよう．K 係数の巾 (べき) 級数 (power series) とは

$$f = a_0 + a_1 x + a_2 x^2 + \cdots = \sum_{i=0}^{\infty} a_i x^i \qquad (a_i \in K) \tag{1.10}$$

という形の無限級数のことである．収束するとは限らないので形式巾級数ともいう．巾級数が 0 とは，すべての係数 a_i が 0 であることと定義する．K 係数の巾級数の全体を $K[[x]]$ と書いて (形式) 巾級数環という．その名のとおり環になるのであるが，ここでは自然なスカラー倍によって K 上のベクトル空間とみなす．もちろん無限次元のベクトル空間であるが，多項式環よりも無限の度合が大きい．実際，単項式 $1, x, x^2, \cdots$ は $K[[x]]$ で 1 次独立ではあるが通常の線形代数の意味では基底ではない．巾級数はこれらの有限個の 1 次結合では表せないからである．

1.5 微分方程式の巾級数解

巾級数 (1.10) の微分は

$$\partial f = \partial(f) = a_1 + 2a_2 x + \cdots = \sum_{i=1}^{\infty} i a_i x^{i-1}$$

で定義される．また2つの巾級数

$$f = \sum_{i=0}^{\infty} a_i x^i, \qquad g = \sum_{i=0}^{\infty} b_i x^i$$

の積 $h = fg$ は，

$$h = \sum_{i=0}^{\infty} c_i x^i, \qquad c_i := \sum_{j=0}^{i} a_j b_{i-j}$$

で定義される．積の微分に関してライプニッツの公式

$$\partial(fg) = \partial(f)g + f\partial(g)$$

が成立する．実際，上の $h = fg$ に対して

$$\begin{aligned}
\partial h &= \sum_{i=1}^{\infty} i c_i x^{i-1} \\
&= \sum_{i=1}^{\infty} \sum_{j=0}^{i} \left(j a_j b_{i-j} x^{i-1} + (i-j) a_j b_{i-j} x^{i-1} \right) \\
&= (\partial f) g + f \partial g
\end{aligned}$$

である．

以上により，微分作用素 P は線形写像

$$P : K[[x]] \longrightarrow K[[x]]$$

を定義することがわかる．この核と余核を求めることがこの節の目的である．

非負整数 k を固定して，巾級数 (1.10) に対して

$$\tau_k(f) := \sum_{i=0}^{k} a_i x^i$$

と定義すると，$\tau_k(f)$ は高々 k 次多項式だから，線形写像

$$\tau_k : K[[x]] \longrightarrow F_k$$

が定まる(「切捨て」写像).これが全射であることは明らかである.この核を

$$V_k := \operatorname{Ker} \tau_k = \left\{ f = \sum_{i=0}^{\infty} a_i x^i \in K[[x]] \ \middle| \ a_0 = \cdots = a_k = 0 \right\}$$

とおくと V_k は $K[[x]]$ の部分ベクトル空間であり,準同型定理により τ_k は同型写像

$$\overline{\tau}_k : K[[x]]/V_k \longrightarrow F_k$$

を誘導する.巾級数 (1.10) に対して,$a_i \neq 0$ となる最小の i を f の**位数** (order) と呼んで $\operatorname{ord} f$ で表す.($f = 0$ のときは $\operatorname{ord} f = +\infty$ としておく.)すると

$$V_k = \{ f \in K[[x]] \mid \operatorname{ord} f \geq k+1 \}$$

である.さて 0 でない微分作用素

$$P = \sum_{i,j \geq 0} a_{ij} x^j \partial^i \qquad (a_{ij} \in K)$$

を考えよう.ここで i, j は有限個の非負整数を動く.多項式解の場合とは逆に x の重みを -1,∂ の重みを 1 としたときの P の項の重みの最大を

$$\operatorname{ord}_{(-1,1)} P := \max\{ i - j \mid i, j \geq 0, \ a_{ij} \neq 0 \}$$

とおいて,重みベクトル $(-1,1)$ に関する P の**階数** という.$d = \operatorname{ord}_{(-1,1)} P$ のとき,

$$\operatorname{in}_{(-1,1)} P = \sum_{i-j=d} a_{ij} x^j \partial^i$$

を $(-1,1)$ に関する P の**主部** と呼ぶ.

$$P x^k = \sum_{j-i \geq -d} k(k-1) \cdots (k-i+1) a_{ij} x^{k+j-i}$$

であるから,任意の整数 k に対して P は線形写像

$$P : V_k \longrightarrow V_{k-d}$$

を引き起こす．主部の定義から

$$(\mathrm{in}_{(-1,1)}P)x^s = \sum_{i-j=d} s(s-1)\cdots(s-i+1)a_{ij}x^{s-d} = b(s)x^{s-d}$$

を満たす s の多項式 $b(s) \neq 0$ が定まる．これを重みベクトル $(-1,1)$ に関する P の b 関数，または**決定多項式**と呼ぶ．これは常微分方程式論における通常の (原点での) 決定多項式と一致している．非負整数 i に対して

$$Px^i = b(i)x^{i-d} + (i-d+1 \text{ 次以上の項})$$

となる．特に $0 \leq i < d$ ならば $b(i) = 0$ である．

たとえば $P = x\partial^2 - (x+1)\partial + 2$ のとき，$\mathrm{ord}_{(-1,1)}P = 1$, $\mathrm{in}_{(-1,1)}P = x\partial^2 - \partial$ だから $b(s) = s(s-1) - s = s(s-2)$ である (図 1.4 を参照)．

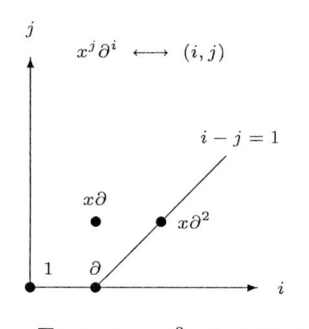

図 1.4 $P = x\partial^2 - (x+1)\partial + 2$

命題 1.9. 微分作用素 $P \neq 0$ に対して，$d := \mathrm{ord}_{(-1,1)}P$ として，$(-1,1)$ に関する P の b 関数を $b(s)$ とおく．整数 $k_1 \geq -1$ を，k_1 より大きい任意の整数 k に対して $b(k) \neq 0$ であるようにとれば

$$P : V_{k_1} \longrightarrow V_{k_1-d}$$

は同型写像である．

証明: $u \in V_{k_1}$ の位数を n とすると，

$$u = c_n x^n + c_{n+1} x^{n+1} + \cdots \qquad (c_n \neq 0)$$

とおける．$b(s)$ の定義から

$$Pu = c_n b(n) x^{n-d} + (n-d+1 \text{ 次以上の項})$$

と書ける．$n > k_1$ だから $b(n) \neq 0$ である．よって $Pu \neq 0$ だから，$P: V_{k_1} \to V_{k_1-d}$ は単射であることがわかった．

次に全射であることを示そう．V_{k_1-d} の元

$$f = b_n x^n + b_{n+1} x^{n+1} + \cdots \qquad (b_n \neq 0)$$

をとると $n > k_1 - d$ である．よって $n + d \geq k_1 + 1 \geq 0$ であり，$b(n+d) \neq 0$ に注意して

$$u_{n+d} := \frac{b_n}{b(n+d)} x^{n+d}$$

とおけば $f_1 := f - Pu_{n+d} \in V_n$ を得る．f_1 の位数は $n+1$ 以上だから，$f_1 = b_{n+1}^{(1)} x^{n+1} + \cdots$ として

$$u_{n+d+1} := \frac{b_{n+1}^{(1)}}{b(n+d+1)} x^{n+d+1}$$

とおけば $f - P(u_{n+d} + u_{n+d+1}) = f_1 - Pu_{n+d+1} \in V_{n+1}$ が成り立つ．以下同様にして $j \geq n+d$ に対して j 次単項式 u_j がとれて

$$f - P \sum_{j=n+d}^{k} u_j \in V_{k-d}$$

がすべての $k \geq n+d$ について成り立つ．そこで

$$u := \sum_{j=n+d}^{\infty} u_j$$

とおけば $u \in V_{n+d-1}$ で $Pu = f$ が成立する．$n+d-1 \geq k_1$ であるから $P: V_{k_1} \to V_{k_1-d}$ が全射であることが示された．(証了)

さて線形写像 $\rho_k(P)$ を，$\text{in}_{(-1,1)} P = d$ のとき

$$\rho_k(P) : F_k \ni u \longmapsto \tau_{k-d}(Pu) \in F_{k-d}$$

で定義しよう．特に $k = k_1$ とおくと線形写像の可換図式

$$\begin{array}{ccc} K[[x]] & \xrightarrow{P} & K[[x]] \\ {\scriptstyle \tau_{k_1}} \downarrow & & {\scriptstyle \tau_{k_1-d}} \downarrow \\ F_{k_1} & \xrightarrow{\rho_{k_1}(P)} & F_{k_1-d} \end{array}$$

ができる．可換図式とは $\rho_{k_1}(P) \circ \tau_{k_1} = \tau_{k_1-d} \circ P$ を意味している．実際 $u \in K[[x]]$ に対して，$u - \tau_{k_1}(u) \in V_{k_1}$ だから $P(u - \tau_{k_1}(u)) \in V_{k_1-d}$, 従って

$$0 = \tau_{k_1-d}(Pu - P\tau_{k_1}(u)) = \tau_{k_1-d}(Pu) - \rho_{k_1}(P)(\tau_{k_1}(u))$$

となる．さて，線形写像 τ_{k_1} と τ_{k_1-d} はそれぞれ線形写像

$$\tau'_{k_1} : \mathrm{Ker}\,(P : K[[x]] \to K[[x]]) \longrightarrow \mathrm{Ker}\,(\rho_{k_1}(P) : F_{k_1} \to F_{k_1-d}),$$

$$\tau''_{k_1-d} : \mathrm{Coker}\,(P : K[[x]] \to K[[x]]) \longrightarrow \mathrm{Coker}\,(\rho_{k_1}(P) : F_{k_1} \to F_{k_1-d})$$

を誘導する．このことを確認しておこう．まず $u \in K[[x]]$ が $Pu = 0$ を満たすとすると

$$\rho_{k_1}(P)(\tau_{k_1}(u)) = \tau_{k_1-d}(Pu) = 0$$

だから $\tau_{k_1}(u) \in \mathrm{Ker}\,(\rho_{k_1}(P) : F_{k_1} \to F_{k_1-d})$ となるので，$\tau_{k_1} : K[[x]] \to F_{k_1}$ が線形写像 τ'_{k_1} を誘導することがわかる．次に $\tau_{k_1-d} : K[[x]] \to F_{k_1-d}$ が線形写像

$$\tau''_{k_1-d} : K[[x]]/P(K[[x]]) \longrightarrow F_{k_1-d}/\rho_{k_1}(P)(F_{k_1})$$

を誘導することを示そう．そのためには，

$$\tau_{k_1-d}(P(K[[x]])) \subset \rho_{k_1}(P)(F_{k_1})$$

であればよいが，これは $\tau_{k_1-d} \circ P = \rho_{k_1}(P) \circ \tau_{k_1}$ から従う．

定理 1.10. 命題 1.9 の仮定のもとで，線形写像 τ'_{k_1}, τ''_{k_1-d} は共に同型写像である．

証明: まず τ'_{k_1} が同型であることを示す. $u \in K[[x]]$ が $Pu=0$ と $\tau_{k_1}(u)=0$ を満たしたとすると, $u \in V_{k_1}$ であるから, 命題1.9によって $u=0$ である. よって τ'_{k_1} は単射である. $v \in F_{k_1}$ が $\rho_{k_1}(P)(v)=0$ を満たしたとすると, $Pv \in V_{k_1-d}$ であるから, 命題1.9から $Pv=Pw$ を満たす $w \in V_{k_1}$ が存在する. すると $P(v-w)=0$ かつ $\tau_{k_1}(v-w)=v$ が成立する. 従って τ'_{k_1} は全射である.

次に τ''_{k_1-d} が同型であることを示す. まず $f \in K[[x]]$ に対して $\tau_{k_1-d}(f)$ が $\rho_{k_1}(P)$ の像に属したとすると, ある $u \in F_{k_1}$ があって $\tau_{k_1-d}(f) = \rho_{k_1}(P)(u) = \tau_{k_1-d}(Pu)$ が成り立つから, $f - Pu \in V_{k_1-d}$ となる. よって命題1.9から $f-Pu=Pv$ を満たす $v \in V_{k_1}$ が存在する. 従って $f=P(u+v)$ は P の像に属す. これで τ''_{k_1-d} が単射であることが示された. 最後に $\tau_{k_1-d}: K[[x]] \to F_{k_1-d}$ は全射だから, その誘導する τ''_{k_1-d} も全射である. (証了)

この定理の具体的な意味を考えてみよう. まず τ'_{k_1} が同型であることから次の事実が従う:
(1) 巾級数 $u = \sum_{i=0}^{\infty} c_i x^i$ が $Pu=0$ を満たせば, $\rho_{k_1}(P)\tau_{k_1}(u)=0$ が成立する.
(2) 逆に $u_0 = c_0 + c_1 x + \cdots + c_{k_1} x^{k_1}$ が $\rho_{k_1}(P)u_0 = 0$ を満たせば, $Pu=0$ かつ $\tau_{k_1}(u) = u_0$ が成立するような巾級数 u がただ一つ存在する.

$u = \sum_{i=0}^{\infty} c_i x^i$ のとき, $\tau_{k_1}(u) = \sum_{i=0}^{k_1} c_i x^i$ であるから, $\rho(P_{k_1})\tau_{k_1}(u)=0$ という条件は, $c_0, \cdots, c_{k_1}$ に対する同次連立1次方程式で表され, その条件が満たされるときは, u が $Pu=0$ を満たすように, それから先の係数 c_j ($j \geq k_1+1$) を一通りに決められることになる. 実際に $j \geq k_1+1$ に対して c_j を決めるには次のようにすればよい: まず

$$P_0 := \text{in}_{(-1,1)} P, \qquad P_1 := P - P_0$$

とおくと, ある自然数 ℓ と $a'_{ij} \in K$ があって

$$Px^i = b(i)x^{i-d} + P_1 x^i,$$
$$P_1 x^i = \sum_{j=1}^{\ell} a'_{ij} x^{i-d+j}$$

と書ける．これを用いれば，

$$Pu = \sum_{i=0}^{\infty} \left(c_i b(i) x^{i-d} + \sum_{j=1}^{\ell} c_i a'_{ij} x^{i-d+j} \right)$$

が 0 になるための必要十分条件は，数列 $\{c_i\}$ が漸化式

$$b(i) c_i = - \sum_{j=1}^{\min\{i,\ell\}} a'_{i-j,j} c_{i-j}$$

を満たすことである．$c_0, \ldots, c_{k_1}$ は既に決まっているから，$i > k_1$ のとき $b(i) \neq 0$ であることに注意すれば，この漸化式を順番に解いて，$i > k_1$ に対する c_i が決まる．c_i を i の式として具体的に表示することは，一般には困難ではあるが．

次に τ''_{k_1-d} が単射であることは，$f \in K[[x]]$ に対する次の 2 つの条件
(1) $Pu = f$ を満たす $u \in K[[x]]$ が存在する．
(2) $\rho_{k_1}(P)(u) = \tau_{k_1-d}(f)$ を満たす $u \in F_{k_1}$ が存在する．
が同値であることを意味している．つまり，巾級数 f に対して，$Pu = f$ を満たす巾級数 u が存在するかどうか (非同次方程式の可解性) は，f の $1, x, \ldots, x^{k_1-d}$ の係数で決まることになる．

また，τ''_{k_1-d} は全射でもあるから，$f_1, \ldots, f_r \in F_{k_1-d}$ を，その同値類が $\mathrm{Coker}\,(\rho_{k_1}(P) : F_{k_1} \to F_{k_1-d})$ の基底になるように選べば，$f_1, \ldots, f_r$ の $\mathrm{Coker}\,(P : K[[x]] \to K[[x]])$ における同値類はその基底にもなっていることがわかる．ここで $\tau_{k_1-d}(f_i) = f_i$ であることを用いた．従って $\mathrm{Coker}\,(P : K[[x]] \to K[[x]])$ の基底を具体的に多項式の同値類として計算できる．

例 1.11. a を定数として

$$P = x \partial^2 - \partial + a$$

を考える．$d = \mathrm{ord}_{(-1,1)} P = 1$, $\mathrm{in}_{(-1,1)} P = x \partial^2 - \partial$ だから $(-1, 1)$ に関する b 関数は

$$b(s) = s(s-1) - s = s(s-2)$$

である．従って定理 1.10 において $k_1 = 2$ とできるので $\rho_2(P) : F_2 \to F_1$ を計算すればよい．

$$P1 = a, \quad Px = -1 + ax, \quad Px^2 = ax^2$$

から

$$\rho_2(P)1 = a, \quad \rho_2(P)x = -1 + ax, \quad \rho_2(P)x^2 = 0$$

を得るから，線形写像 $\rho_2(P)$ は行列

$$A = \begin{pmatrix} a & -1 & 0 \\ 0 & a & 0 \end{pmatrix}$$

で表される．従って

$$v = c_0 + c_1 x + c_2 x^2, \qquad f = b_0 + b_1 x$$

とおくと，$\rho_2(P)v = f$ は

$$A \begin{pmatrix} c_0 \\ c_1 \\ c_2 \end{pmatrix} = \begin{pmatrix} b_0 \\ b_1 \end{pmatrix}$$

と同値になる．まず $a \neq 0$ のときを考えよう．拡大係数行列に行基本変形を行うと

$$\begin{pmatrix} a & -1 & 0 & b_0 \\ 0 & a & 0 & b_1 \end{pmatrix} \longrightarrow \begin{pmatrix} 1 & 0 & 0 & \frac{b_0}{a} + \frac{b_1}{a^2} \\ 0 & 1 & 0 & \frac{b_1}{a} \end{pmatrix}$$

となる．これと定理 1.10 から，$Pu = 0$ を満たす $u = \sum_{i=0}^{\infty} c_i x^i$ が存在するための c_0, c_1, c_2 に対する必要十分条件は，$c_0 = c_1 = 0$（c_2 は任意）であることがわかる．特に $\mathrm{Ker}\,(P : K[[x]] \to K[[x]])$ の次元は 1 である．さらに，$P : K[[x]] \to K[[x]]$ は全射であることもわかる．

次に $a = 0$ とすると，拡大係数行列は

$$\begin{pmatrix} 0 & -1 & 0 & b_0 \\ 0 & 0 & 0 & b_1 \end{pmatrix} \longrightarrow \begin{pmatrix} 0 & 1 & 0 & -b_0 \\ 0 & 0 & 0 & b_1 \end{pmatrix}$$

1.5 微分方程式の巾級数解

となるので，$Pu = 0$ を満たす $u = \sum_{i=0}^{\infty} c_i x^i$ が存在するための c_0, c_1, c_2 に対する必要十分条件は，$c_1 = 0$ (c_0 と c_2 は任意) であり，$\mathrm{Ker}\,(P : K[[x]] \to K[[x]])$ の次元は 2 である．

また，$f = \sum_{i=0}^{\infty} b_i x^i$ に対して $Pu = f$ を満たす $u \in K[[x]]$ が存在するための条件は $b_1 = 0$ であることもわかる．特に $\mathrm{Coker}\,(P : K[[x]] \to K[[x]])$ の基底として $[x]$ がとれる．

系 1.12. $\mathrm{in}_{(-1,1)} P$ の階数を m とすると，
$$\dim \mathrm{Ker}\,(P : K[[x]] \to K[[x]]) \leq m.$$

証明: $d = \mathrm{ord}_{(-1,1)} P$ とする．$d > 0$ ならば，巾級数 u に対して $Pu = 0$ と $x^d Pu = 0$ は同値であり，$\mathrm{ord}_{(-1,1)}(x^d P) = 0$ だから，最初から $d \leq 0$ と仮定してよい．$(-1,1)$ に関する P の b 関数を $b(s)$ とすると，定義によって $b(s)$ は s の高々 m 次多項式であることがわかる．従って $b(k) = 0$ を満たす非負整数 k の個数は m 以下である．それらのうち最大なものを k_1 とする．(もしなければ $k_1 = -1$ とおく．)

$$Px^i = b(i)x^{i-d} + (i - d + 1 \text{ 次以上の項})$$

であるから，線形写像 $\rho_{k_1}(P) : F_{k_1} \to F_{k_1 - d}$ を表す $(k_1 - d + 1) \times (k_1 + 1)$ 行列を A とおくと，最初の $-d$ 個の行は 0 ベクトルである．それらを除いてできる $k_1 + 1$ 次正方行列を A' とすると，A' は下三角行列で，その対角成分は $b(0), \ldots, b(k_1)$ である．それらの対角成分のうち 0 となるものは高々 m 個であるから，

$$\mathrm{rank}\,A = \mathrm{rank}\,A' \geq k_1 + 1 - m$$

である．従って

$$\dim \mathrm{Ker}\,(P : K[[x]] \to K[[x]]) = \dim \mathrm{Ker}\,(\rho_{k_1}(P) : F_{k_1} \to F_{k_1 - d})$$
$$= k_1 + 1 - \mathrm{rank}\,A \leq m$$

を得る．(証了)

系 1.13. $d = \mathrm{ord}_{(-1,1)} P$ とおいて，$(-1,1)$ に関する P の b 関数を $b(s)$ とする．

(1) $d > 0$ ならば $\dim \mathrm{Ker}\,(P : K[[x]] \to K[[x]]) \geq d \geq 1$ である．

(2) $d \leq 0$ のとき，$\dim \mathrm{Ker}\,(P : K[[x]] \to K[[x]]) \geq 1$ であるための必要十分条件は，$b(k) = 0$ を満たす非負整数 k が存在することである．

証明: $d > 0$ のとき定理 1.10 において $k_1 \geq d - 1$ としてよいから

$$\dim \mathrm{Ker}\, P = \dim \mathrm{Ker}\, \rho_{k_1}(P) \geq \dim F_{k_1} - \dim F_{k_1 - d} = d$$

である．$d \leq 0$ とする．$b(k) = 0$ を満たす非負整数 k があると仮定して，その中で最大のものを k_1 とおく．行列 A と A' を系 1.12 の証明のようにとると，$b(k_1) = 0$ から A' の最後の列は 0 ベクトルであることがわかる．従って $\mathrm{rank}\, A = \mathrm{rank}\, A' \leq k_1$ であるから

$$\dim \mathrm{Ker}\, P = \dim \mathrm{Ker}\, \rho_{k_1}(P) = \dim F_{k_1} - \mathrm{rank}\, A \geq (k_1 + 1) - k_1 = 1$$

を得る．もし $b(k) = 0$ を満たす非負整数 k が存在しなければ，定理 1.10 において $k_1 = -1$ とできるから，$\dim \mathrm{Ker}\, P = \dim F_{-1} = 0$ である．(証了)

系 1.14. P を 0 でない微分作用素とすると

$$\mathrm{ind}\,(P : K[[x]] \to K[x]) = \mathrm{ord}_{(-1,1)} P.$$

証明: 定理 1.10 において k_1 を，$k_1 - d \geq -1$ を満たすように選べるから，

$$\mathrm{ind}\,(P : K[[x]] \to K[[x]]) = \mathrm{ind}\,(\rho_{k_1}(P) : F_{k_1} \to F_{k_1 - d})$$
$$= \dim F_{k_1} - \dim F_{k_1 - d}$$
$$= d$$

を得る．(証了)

例 1.15 (ガウスの超幾何微分方程式) a, b, c を定数として微分作用素

1.5 微分方程式の巾級数解

$$P = x(1-x)\partial^2 + (c - (a+b+1)x)\partial - ab$$

を考える.

$$\mathrm{ord}_{(-1,1)}P = 1, \quad \mathrm{in}_{(-1,1)}P = x\partial^2 + c\partial$$

だから P の $(-1,1)$ に関する b 関数は

$$b(s) = s(s-1) + cs = s(s-1+c)$$

である. 簡単な計算で

$$Px^i = i(i-1+c)x^{i-1} - (i+a)(i+b)x^i \tag{1.11}$$

を得る. よって系 1.12 と系 1.13 から, $\mathrm{Ker}(P : K[[x]] \to K[[x]])$ の次元は 1 または 2 であることがわかる.

まず c が 0 以下の整数ではないと仮定しよう. このとき定理 1.10 において $k_1 = 0$ ととれる. 線形写像

$$\rho_0(P) : F_0 \longrightarrow F_{-1} = \{0\}$$

は 0 写像であるから, $P : K[[x]] \to K[[x]]$ は全射で, P の核は 1 次元である. 特に $Pu = 0$ を満たす $u = \sum_{i=0}^{\infty} c_i x^i$ が任意の c_0 に対してただ一つ存在する. (1.11) から c_i に対する漸化式

$$i(i-1+c)c_i = (i+a-1)(i+b-1)c_{i-1} \qquad (i \geq 1)$$

が導かれるから, $c_0 = 1$ とおいてこれを解けば,

$$u = \sum_{i=0}^{\infty} \frac{a(a+1)\cdots(a+i-1)b(b+1)\cdots(b+i-1)}{i!\,c(c+1)\cdots(c+i-1)} x^i$$

が $\mathrm{Ker}\,P$ の基底となる. この巾級数はガウスの超幾何級数と呼ばれる.

次に n を正の整数として, $c = 1 - n$ (つまり c が 0 以下の整数) の場合を考えよう. このときは $k_1 = n$ としてよいから, 線形写像

$$\rho_n(P) : F_n \longrightarrow F_{n-1}$$

を調べればよい．

$$\rho_n(P)x^i = \begin{cases} i(i-n)x^{i-1} - (i+a)(i+b)x^i & (0 \leq i \leq n-1) \\ 0 & (i=n) \end{cases}$$

である．従って $\rho_n(P)$ を表す $n \times (n+1)$ 行列を A とすると，A の最後の列は 0 ベクトルである．A の最後の列ベクトルを除いた n 次正方行列を A' としよう．すると A' は上三角行列で，対角成分は

$$-ab, \quad -(a+1)(b+1), \ldots, -(a+n-1)(b+n-1)$$

である．よって，$\operatorname{Ker} P$ の次元が 2 以上，すなわち A のランクが $n-1$ 以下になるための必要十分条件は，a または b が 0 以下 $1-n$ 以上の整数であることである．以上をまとめると次のようになる：

- $\dim \operatorname{Ker}(P : K[[x]] \to K[[x]]) = 2$ であるための必要十分条件は，c が 0 以下の整数で，a, b の少なくとも一方が 0 以下かつ c 以上の整数であることである．
- それ以外の場合は $\dim \operatorname{Ker}(P : K[[x]] \to K[[x]]) = 1$．

問題 1.5.
$$P = x^3 \partial^2 + (x^2 + x)\partial - 2$$

に対して，$\operatorname{Ker}(P : K[[x]] \to K[[x]])$ の次元と基底を求めよ．また，$f = \sum_{i=0}^{\infty} b_i x^i$ に対して $Pu = f$ を満たす $u \in K[[x]]$ が存在するための条件と，$\operatorname{Coker}(P : K[[x]] \to K[[x]])$ の基底を求めよ．

問題 1.6. a, c を定数 (K の元) として微分作用素

$$P = x\partial^2 + (a-x)\partial + c$$

を考える．$\dim \operatorname{Ker}(P : K[[x]] \to K[[x]]) = 2$ となるための必要十分条件を求めよ．また $a = -2, c = 2$ のとき，$f = \sum_{i=0}^{\infty} b_i x^i$ に対して $Pu = f$ を満たす $u \in K[[x]]$ が存在するための条件と，$\operatorname{Coker}(P : K[[x]] \to K[[x]])$ の基底を求めよ．

問題 1.7. 数式処理ソフトを用いて，微分作用素 P をインプットすると，$\mathrm{Ker}\,(P: K[[x]] \to K[[x]])$ の次元と $\mathrm{Coker}\,(P: K[[x]] \to K[[x]])$ の基底，および $Pu = f$ を満たす $u \in K[[x]]$ が存在するための $f \in K[[x]]$ に対する条件を出力するプログラムを作成せよ．ただし $K = \mathbb{Q}$ とする．

1.6 微分方程式の有理解

常微分作用素 P に対して $Pu = 0$ を満たす有理関数 u を求める問題を考えよう．K 係数の有理関数とは，2つの多項式 $f, g \in K[x]$ $(g \neq 0)$ によって，f/g の形に書けるような式のことである．K 係数の有理関数の全体を $K(x)$ と書いて，K 上の**有理関数体**と呼ぶ．f/g の微分は自然に

$$\partial\left(\frac{f}{g}\right) = \frac{\partial(f)g - f\partial(g)}{g^2}$$

で定義される．これによって，常微分作用素 P が線形写像

$$P: K(x) \longrightarrow K(x)$$

を定めることがわかる．有理関数と巾級数との関係を見ておこう．

命題 1.16. 巾級数 $f \in K[[x]]$ に対して，$fg = 1$ を満たす $g \in K[[x]]$ が存在するための必要十分条件は，f の定数項 (x^0 の係数) が 0 でないことである．

証明: $f = \sum_{i=0}^{\infty} a_i x^i$, $g = \sum_{i=0}^{\infty} b_i x^i$ とおく．もし $fg = 1$ ならば，積の定義から $a_0 b_0 = 1$ であるから $a_0 \neq 0$ でなければならない．逆に $a_0 \neq 0$ と仮定する．まず $b_0 = 1/a_0$ とおいて，

$$b_i = -\frac{1}{a_0} \sum_{j=1}^{i} a_j b_{i-j} \quad (i \geq 1)$$

によって b_i を順番に決めれば，$fg = 1$ が成立する．(証了)

特に多項式 $f \in K[x]$ が $f(0) \neq 0$ を満たせば，$K[[x]]$ において f の逆元 $g = f^{-1}$ が存在する．このとき，微分作用素 P の巾級数 g への作用と，P の有理関数 $1/f$ への作用は一致する．実際ライプニッツの公式から

$$0 = \partial(fg) = \partial(f)g + f\partial(g)$$

だから，

$$\partial(g) = -\frac{\partial(f)g}{f} = -\frac{\partial(f)}{f^2} = \partial(1/f)$$

が成立する．ここで $\partial(1/f)$ は上で定義した有理関数としての微分である．多項式倍については両者の作用が一致することは明らかだから，上の主張が示された．

有理関数に対しては，既約分数にするために分母と分子の最大公約数の計算が重要である．それに用いられる 1 変数多項式に対する**ユークリッドの互除法**を復習しておこう．英語では Euclidean algorithm と呼ばれており，いわばアルゴリズムのお手本である．まずもともとの整数の場合で説明しよう．たとえば 54 と 21 の最大公約数を求めてみよう．次々に下線の数で割算して

$$\begin{aligned} 54 &= 2 \cdot \underline{21} + 12, \\ 21 &= 1 \cdot \underline{12} + 9, \\ 12 &= 1 \cdot \underline{9} + 3, \\ 9 &= 3 \cdot \underline{3} \end{aligned}$$

割り切れたら終了する．このとき最後に割った数 3 が求める最大公約数である．

このアルゴリズムは 1 変数多項式にもそのまま適用できる．$f, g \in K[x]$ に対して，$g \neq 0, \deg g = m$ であるとき，

$$f = qg + r, \quad \deg r \leq m - 1$$

を満たす $q, r \in K[x]$ がただ 1 組存在する．この q を，f を g で割った商，r を剰余 (余り) という．この計算法は中学・高校以来おなじみであろう．特に $r = 0$ であるとき，f は g で割り切れる (または g の倍数)，g は f を割り切る (または f の約数) といい，$g \mid f$ という記号で表す．特に，0 でない定数と

f (の定数倍) 以外に約数がないとき，f は (K 上の) **既約多項式**という．

f と g の共通の約数 (公約数) のうち次数が最大のものを f と g の**最大公約数**と呼び $\mathrm{GCD}(f,g)$ と書く．ただし 0 でない定数倍は無視することにする．たとえば $(x-1)(x+1)$ と $(x-1)^2$ の最大公約数は $x-1$ といってもよいし，たとえば $2(x-1)$ といってもよい．$\mathrm{GCD}(f,g)$ はユークリッドの互除法で求められる．次のように割算して多項式 $q_1, q_2, \ldots$ と $r_1, r_2, \ldots$ を順番に決める：

$$\begin{aligned} f &= q_1 g + r_1 & (\deg r_1 < \deg g), \\ g &= q_2 r_1 + r_2 & (\deg r_2 < \deg r_1), \\ r_1 &= q_3 r_2 + r_3 & (\deg r_3 < \deg r_2), \\ &\cdots \end{aligned}$$

すると $\deg r_1 > \deg r_2 > \deg r_3 > \cdots$ であるから，いつかは余りの次数が負，すなわち余りが 0 になって，この手続きは終了する (アルゴリズムの停止性)．そこで $r_n \neq 0$ かつ $r_{n+1} = 0$ とすると

$$r_{j-1} = q_{j+1} r_j + r_{j+1} \quad (0 \leq j \leq n) \tag{1.12}$$

が成立する．ただし $r_{-1} := f, r_0 := g$ とおいた．このとき $r_n = \mathrm{GCD}(f,g)$ であることを示そう．そのために (1.12) において

$$\mathrm{GCD}(r_{j-1}, r_j) = \mathrm{GCD}(r_j, r_{j+1}) \tag{1.13}$$

が成立することに注意する．実際，多項式 h が r_{j-1} と r_j を割り切るとすると，(1.12) から h は $r_{j+1} = r_{j-1} - q_{j+1} r_j$ も割り切る．逆に h が r_j と r_{j+1} を割り切るとすると，(1.12) から h は r_{j-1} も割り切る．従って r_{j-1} と r_j の公約数全体と r_j と r_{j+1} の公約数全体は一致することがわかったから (1.13) が示された．(1.13) を次々に用いれば

$$\mathrm{GCD}(f,g) = \mathrm{GCD}(r_{-1}, r_0) = \mathrm{GCD}(r_0, r_1) = \cdots = \mathrm{GCD}(r_{n-1}, r_n)$$

であり，r_n は r_{n-1} を割り切るから，この最後の GCD は r_n である．以上によってユークリッドの互除法がアルゴリズムの 2 つの要件を満たしていること，すなわち必ずいつかは終了して正しい答えを返すことが証明された．特に，2

つの多項式が互いに素 (すなわち GCD が 1(または 0 でない定数)) であるかどうかはユークリッドの互除法で知ることができる．有理式を既約分数に直すには，ユークリッドの互除法で分母と分子の最大公約数を計算し，分母分子をそれで割算すればよい．

たとえば $f = x^4 - 1, g = x^3 - x^2 + 2x - 2$ のとき，

$$f = (x+1)g + (-x^2 + 1),$$
$$g = -(x-1)(-x^2+1) + (3x-3),$$
$$-x^2 + 1 = \left(-\frac{1}{3}x - \frac{1}{3}\right)(3x-3)$$

であるから，$\mathrm{GCD}(f,g)$ は $3x - 3$，すなわち $x - 1$ である．

補題 1.17. $f, g \in K[x] \setminus \{0\}$ とする．L は K を含む体とする．このとき f, g を $K[x]$ の元とみなしたときの GCD と，$L[x]$ の元とみなしたときの GCD は一致する．

証明: ユークリッドの互除法は係数の四則演算しか用いないから，$f, g \in L[x]$ とみなしても，ユークリッドのアルゴリズムにおける商と剰余 q_j, r_j はすべて $K[x]$ に属し，$f, g \in K[x]$ とみなして計算した場合と全く同じである．従って GCD も等しい．(証了)

命題 1.18. $f, g \in K[x] \setminus \{0\}$ に対して $h = \mathrm{GCD}(f, g)$ とおくと，

$$af + bg = h$$

を満たす多項式 $a, b \in K[x]$ が存在する．

証明: この証明法はいろいろあるが，ユークリッドの互除法を用いると実際に a, b を計算する方法 (アルゴリズム) も得られるという利点がある．さて f と g にユークリッドの互除法を適用して，r_n で r_{n-1} が割り切れたとすると，必要なら定数倍すれば $r_n = h$ としてよい．(1.12) で $j = n-1$ とすると

$$r_n = r_{n-2} - q_n r_{n-1}$$

となって r_n が r_{n-2} と r_{n-1} で表される．次に (1.12) で $j = n-2$ とした式

$$r_{n-1} = r_{n-3} - q_{n-1} r_{n-2}$$

を上の式に代入すると

$$r_n = r_{n-2} - q_n(r_{n-3} - q_{n-1}r_{n-2}) = -q_n r_{n-3} + (1 + q_{n-1}q_n)r_{n-2}$$

となって r_n が r_{n-3} と r_{n-2} で表される．この操作を続ければ，r_n が $r_{-1} = f$ と $r_0 = g$ を用いて $r_n = af + bg$ という形で表されることがわかる．(証了)

一般に，多項式 $f \in K[x] \setminus \{0\}$ に対して，$f = f_1^{m_1} \cdots f_r^{m_r}$ ($f_i \in K[x]$, $m_i \geq 1$) を $K[x]$ における f の既約分解 (因数分解)，すなわち $f_1, \ldots, f_r$ は既約でどの 2 つも互いに他の定数倍ではないとする．このとき，$g := f_1 \cdots f_r$ を仮に f の**無平方部分**と呼ぼう．これは次の補題によって，f の既約分解の計算を経由せずに，ユークリッドの互除法で直接求めることができる．f の無平方部分が f (の非零定数倍) であるとき，f は**無平方** (square free) という．

命題 1.19. 多項式 $f \in K[x]$ は定数ではないとする．f' を f の導関数とすると，f の無平方部分は $f/\mathrm{GCD}(f, f')$ と一致する．特に無平方部分は係数体のとりかたによらない．

証明：まず，f が既約とする．f' の次数は $\deg f - 1$ だから，f と f' は互いに素，すなわち $\mathrm{GCD}(f, f') = 1$ である．

次に一般の場合を考え，f の既約分解を $f = f_1^{m_1} \cdots f_r^{m_r}$ とする．このとき

$$f' = m_1 f_1' f_1^{m_1-1} f_2^{m_2} \cdots f_r^{m_r} + \cdots + m_r f_r' f_1^{m_1} \cdots f_{r-1}^{m_{r-1}} f_r^{m_r-1}$$

である．ここで f_i と f_i' は互いに素だから，f' は $f_i^{m_i-1}$ では割り切れるが，$f_i^{m_i}$ では割り切れないことがわかる．従って

$$\mathrm{GCD}(f, f') = f_1^{m_1-1} \cdots f_r^{m_r-1}$$

であるから結論が従う．(証了)

さて，以上で準備が完了したので，微分作用素 P に対して，$Pu = 0$ を満たす有理関数 u を求める問題を考えよう．以下では簡単のため，K は複素数体 $\mathbb{C}$ に含まれると仮定しておく．(一般の K の場合には，$\mathbb{C}$ のかわりに K を含む代数閉体で考えればよい．)

定義 1.20. $a_i(x) \in K[x], a_m(x) \neq 0$ として，微分作用素

$$P = a_m(x)\partial^m + a_{m-1}(x)\partial^{m-1} + \cdots + a_1(x)\partial + a_0(x) \tag{1.14}$$

を考える．$a_m(\alpha) = 0$ を満たす $\alpha \in \mathbb{C}$ を P の**特異点** (singular point) という．$a_m(\alpha) \neq 0$ のときは，α を P の**正則点** (regular point) という．

$$P|_{x=x+\alpha} := a_m(x+\alpha)\partial^m + a_{m-1}(x+\alpha)\partial^{m-1} + \cdots + a_0(x+\alpha)$$

とおいて，$(-1, 1)$ に関する $P|_{x=x+\alpha}$ の b 関数を，P の $x = \alpha$ における $(-1,1)$ に関する b 関数 (または α における**決定多項式**) と呼ぶ．

補題 1.21. P の正則点 α における $(-1, 1)$ に関する b 関数は，ある非負整数 m と 0 でない定数 $c \in \mathbb{C}$ によって，$cs(s-1)\cdots(s-m+1)$ という形に書ける．

証明：最初から $K = \mathbb{C}$ として，$\alpha = 0$ と仮定してよい．このとき P は (1.14) の形で，$a_m(0) \neq 0$ を満たす．すると定義から

$$\mathrm{in}_{(-1,1)}P = a_m(0)\partial^m$$

であることがわかるから，b 関数は $a_m(0)s(s-1)\cdots(s-m+1)$ である．(証了)

命題 1.22. P を微分作用素 (1.14) とする．$v, g \in K[x], g \neq 0$ として，$u := v/g$ が $Pu = 0$ を満たしていて，$v(0) \neq 0$ であるとする．$b(s)$ を $(-1, 1)$ に関する P の b 関数とする．このとき g を巾級数とみなしたときの位数を ℓ とすると，$b(-\ell) = 0$ が成立する．

証明: 位数の定義によって

$$g = b_\ell x^\ell + b_{\ell+1} x^{\ell+1} + \cdots = x^\ell(b_\ell + b_{\ell+1} x + \cdots) \qquad (b_\ell \neq 0)$$

と書けるから，命題 1.16 と $v(0) \neq 0$ に注意すると，

$$u = \frac{v}{g} = \frac{1}{x^\ell} \sum_{i=0}^{\infty} c_i x^i$$

という形に展開できて $c_0 \neq 0$ であることがわかる．このような級数を形式ローラン級数という．微分作用素の巾級数への作用を，形式ローラン級数への作用に自然に拡張することができる．$d = \mathrm{ord}_{(-1,1)} P$ とおくと，b 関数の定義からローラン級数として

$$Pu = c_0 b(-\ell) x^{-\ell-d} + (x \text{ について } -\ell - d + 1 \text{ 次以上の項})$$

となることがわかる．よって $b(-\ell) = 0$ でなければならない．(証了)

定理 1.23. P を微分作用素 (1.14) とする．$v, g \in K[x]$ を互いに素な多項式として，$u := v/g$ が $Pu = 0$ を満たしているとする．このとき，a_m の無平方部分を $a_m^{(0)}$ とおくと，ある非負整数 j があって，g は $(a_m^{(0)})^j$ の約数である．

証明: g が定数ならば OK だから，g は 1 次以上としてよい．$g(\alpha) = 0$ を満たす $\alpha \in \mathbb{C}$ をとる．α における P の $(-1,1)$ に関する b 関数を $b_\alpha(s)$ とする．多項式 $g(x+\alpha)$ を巾級数とみなしたときの位数を d_α とおくと，$g(\alpha) = 0$ から $d_\alpha > 0$ である．補題 1.17 により v と g は $\mathbb{C}[x]$ においても互いに素だから，$v(\alpha) \neq 0$ である．(もし $v(\alpha) = 0$ ならば v と g は共通因子 $x - \alpha$ を持つことになるから．) 従って命題 1.22 によって $b_\alpha(-d_\alpha) = 0$ が成立する．補題 1.21 によれば，このとき α は P の特異点，すなわち $a_m(\alpha) = 0$ である．以上により $g(\alpha) = 0 \Rightarrow a_m^{(0)}(\alpha) = 0$ が示された．

さて，$\mathbb{C}[x]$ において g は 1 次式の積に因数分解される (代数学の基本定理) から，上記の事実は，g の各因子が $a_m^{(0)}$ を割り切ることを意味している (因数定理)．よって g の各因子の重複度の最大値を j とすれば，g は $(a_m^{(0)})^j$ を割

り切る．(証了)

実際の計算のためには，この命題における j を決定 (または上から評価) する必要がある．まず理論的な考察を行う：

命題 1.24. 微分作用素 (1.14) の特異点 (すなわち $a_m(\alpha) = 0$ を満たす $\alpha \in \mathbb{C}$) の集合を $\{\alpha_1, \ldots, \alpha_n\}$ として，α_i における P の $(-1, 1)$ に関する b 関数を $b_i(s)$ とする．$b_i(k) = 0$ を満たす負の整数で最小のものを k_i とする (もしそのような整数がなければ $k_i = 0$ とする)．このとき定理 1.23 において，$j = \max\{-k_1, \ldots, -k_n\}$ とできる．

証明: 定理 1.23 の証明において，$\alpha = \alpha_i$ とすると，$g(x + \alpha_i)$ の位数 $\ell_i \geq 0$ は $b_i(-\ell_i) = 0$ を満たすことがわかる．従って $k_i \leq -\ell_i$ である．さて，有理解の分母 g はモニック (最高次の係数が 1) としてよい．定理 1.23 と位数の定義から，g は $\mathbb{C}[x]$ において

$$g = (x - \alpha_1)^{\ell_1} \cdots (x - \alpha_n)^{\ell_n}$$

と分解される．一方，無平方部分 $a_m^{(0)}$ を $\mathbb{C}[x]$ において因数分解しても，命題 1.19 によって重複因子は出てこない．$\ell_i \leq -k_i$ に注意すれば，以上のことから，$j = \max\{-k_1, \ldots, -k_n\}$ とおけば g は $(a_m^{(0)})^j$ の約数であることがわかる．(証了)

従って $Pu = 0$ を満たす有理関数 u の分母を $(a_m^{(0)})^j$ として分子の多項式を定めればよいことになる．

上記の $k_1, \ldots, k_n$ を計算するアルゴリズムを考察しよう．もし $a_m^{(0)}$ が 1 次式の積に因数分解されれば，各 α_i が具体的に K の元として求まるから，$k_1, \ldots, k_n$ の計算は容易である．そうでない場合でも，$K = \mathbb{Q}$ の場合のように，1 変数多項式の既約分解の計算が可能であれば，次のようにして $k_1, \ldots, k_n$ を計算できる．しかもその際，指数を既約因子ごとに求めることができるので，有理解の分母を一般に $(a_m^{(0)})^j$ よりも小さくできる．

まず $a_m^{(0)}$ の $K[x]$ における既約分解を

$$a_m^{(0)} = f_1 \cdots f_r \qquad (f_1, \ldots, f_r \in K[x])$$

1.6 微分方程式の有理解

とする．α を $f_i(\alpha) = 0$ を満たす複素数と仮定する (α を具体的に求める必要はない)．このとき f_i は α の K 上の**最小多項式**，すなわち $f(\alpha) = 0$ を満たす $f \in K[x]$ ($f \neq 0$) のうちで次数が最小のものである．実際，f を α の最小多項式として，$f_i = qf + r$, $\deg r < \deg f$ を満たす $q, r \in K[x]$ をとれば，$r(\alpha) = f_i(\alpha) - q(\alpha)f(\alpha) = 0$ であるが，r の次数は，α の最小多項式 f の次数より小さいから，$r = 0$ でなければならない．従って f_i は f の倍数である．f_i は既約だから，f_i は f の定数倍，すなわち α の最小多項式である．

さて $d_i := \deg f_i$ とおけば，

$$K[\alpha] := \{f(\alpha) \mid f \in K[x]\}$$
$$= \{c_0 + c_1\alpha + \cdots + c_{d_i-1}\alpha^{d_i-1} \mid c_0, \ldots, c_{d_i-1} \in K\}$$

かつ

$$c_0 + c_1\alpha + \cdots c_{d_i-1}\alpha^{d_i-1} = 0 \iff c_0 = \cdots = c_{d_i-1} = 0$$

が成立する．

前半の等式は，$f \in K[x]$ を f_i で割った余りを g とすれば g は高々 $d_i - 1$ 次で，$f(\alpha) = g(\alpha)$ であることから従う．後半の等式は α の最小多項式 f_i の次数が d_i であることからわかる．

さらに $K[\alpha]$ は体になる．実際 $f \in K[x]$ として $f(\alpha) \neq 0$ とすると，f は f_i の倍数ではなく f_i は既約だから，$\mathrm{GCD}(f, f_i) = 1$ である．よって命題 1.18 によって $gf + qf_i = 1$ を満たす $g, q \in K[x]$ が存在する．従って $f(\alpha)g(\alpha) = 1$ であるから，$f(\alpha)$ の逆元は $g(\alpha) \in K[\alpha]$ で与えられる．しかも g はユークリッドの互除法で計算できる．

以上により，各 $\nu = 0, \ldots, m$ に対して $a_\nu(x+\alpha)$ を，α の高々 $d_i - 1$ 次式を係数とする x の多項式として一意的に表すことができる．従って $P|_{x=x+\alpha}$ の $(-1, 1)$ に関する b 関数 $b_\alpha(s)$ も，

$$b_\alpha(s) = c_0(s) + c_1(s)\alpha + \cdots + c_{d_i-1}(s)\alpha^{d_i-1} \qquad (c_0, \ldots, c_{d_i-1} \in K[s])$$

という形で計算できる．このとき，整数 k に対して $c_i(k) \in K$ だから，

$$b_\alpha(k) = 0 \iff c_0(k) = \cdots = c_{d_i-1}(k) = 0$$

が成立する．1.4 節で述べた方法（または因数分解）によって各 $j = 0, \ldots, d_i - 1$ に対して，$c_j(k) = 0$ を満たす整数 k をすべて求めることができるから，集合 $\mathcal{K}_\alpha := \{k \in \mathbb{Z} \mid b_\alpha(k) = 0\}$ が求まる．

また，以上の計算法から $\mathcal{K}_\alpha$ は $f_i(\alpha) = 0$ を満たす α にはよらず，P と f_i のみから決まることがわかる．そこで $\mathcal{K}_i := \mathcal{K}_\alpha$ とおこう．$\mathcal{K}_i$ に属する最小の負の整数を k_i とおけば（そのような整数がなければ $k_i = 0$ としておく），定理 1.23 の証明から，有理解の分母 g は $f_1^{-k_1} \cdots f_r^{-k_r}$ の約数であることがわかる（$\mathbb{C}[x]$ における g の既約分解を考察すればよい）．

以上によって，$Pu = 0$ の有理解 $u = v/g$ の分母 g の「上限」が求まった．すなわち，上記の $f_1^{-k_1} \cdots f_r^{-k_r}$ を分母 g として，分子 v を決めればよい．ライプニッツの公式によって

$$P\left(\frac{v}{g}\right) = \sum_{i=0}^{m} a_i(x) \partial^i \left(\frac{v}{g}\right)$$
$$= \sum_{i=0}^{m} \sum_{j=0}^{i} a_i(x) \binom{i}{j} \partial^j(v) \partial^{i-j}\left(\frac{1}{g}\right)$$

となるが，$g^{i-j+1} \partial^{i-j}(1/g)$ は多項式となるから，$g^{m+1} P(v/g)$ は多項式である．つまり，多項式係数の常微分作用素 Q があって，

$$g^{m+1} P\left(\frac{v}{g}\right) = Qv$$

が成立する．Q は具体的には

$$Q = \sum_{i=0}^{m} \sum_{j=0}^{i} a_i(x) \binom{i}{j} g^{m+1} \partial^{i-j}\left(\frac{1}{g}\right) \partial^j$$
$$= \sum_{j=0}^{m} \sum_{i=j}^{m} \binom{i}{j} a_i(x) g^{m+1} \partial^{i-j}\left(\frac{1}{g}\right) \partial^j$$

で与えられる作用素である．もちろん g が余分に掛かっている可能性もあるので，P の係数を，割り切れなくなるまで g で一斉に割算すれば，もっと簡単な

1.6 微分方程式の有理解

Q が求まるであろう. 最後に 1.4 節の方法で $Qv = 0$ を満たす多項式 v の基底を求めれば, それらを g で割ったものが $\mathrm{Ker}\,(P : K(x) \to K(x))$ の基底となる.

例 1.25. $P = x(x^2+1)\partial + x^2 - 1$ として $Pu = 0$ を満たす有理関数 u を求めてみよう. 係数体は $K = \mathbb{Q}$ とする. P の特異点は 0 と, $\alpha^2 + 1 = 0$ を満たす 2 個の α である.

まず, $(-1,1)$ に関する P の b 関数は $b_0(s) = s - 1$ であるから, u の分母には x は現れない. 次に $\alpha^2 + 1 = 0$ を満たす α における b 関数を求めてみよう. そのために, α に対応する不定元を y として

$$P|_{x=x+y} = (x+y)((x+y)^2+1)\partial + (x+y)^2 - 1$$

とおく. ここで ∂ の係数を $y^2 + 1$ で割算すると,

$$(x+y)((x+y)^2+1) = (3x+y)(y^2+1) + x^3 + 3yx^2 - 2x,$$
$$(x+y)^2 - 1 = (y^2+1) + x^2 + 2yx - 2$$

だから (要するに y^2 を -1 で置き変えればよい),

$$P' := P|_{x=x+y} = (x^3 + 3yx^2 - 2x)\partial + x^2 + 2yx - 2$$

とみなしてよい. これから

$$\mathrm{in}_{(-1,1)}P' = -2x\partial - 2$$

を得る. よって $(-1,1)$ に関する P' の b 関数は, $b_\alpha(s) = -2(s+1)$ である. 従って $v \in \mathbb{Q}[x]$ として $u = v/(x^2+1)$ とおけることがわかる.

$$(x^2+1)^2 P\left(\frac{v}{x^2+1}\right) = x(x^2+1)^2 \partial v - 2x^2(x^2+1)v + (x^2+1)(x^2-1)v$$

より

$$Q = x(x^2+1)^2 \partial - x^4 - 2x^2 - 1 = (x^2+1)^2(x\partial - 1)$$

を得るから, 1.4 節の方法を Q または $x\partial - 1$ に適用して, $Qv = 0$ を

満たす多項式 v は x の定数倍であることがわかる．よって $x/(x^2+1)$ が $\mathrm{Ker}\,(P:K(x)\to K(x))$ の基底となる．

例 1.26. ガウスの超幾何方程式で $a=4$, $b=2$, $c=3$ とした作用素
$$P = x(1-x)\partial^2 + (3-7x)\partial - 8$$
の有理解を求めよう．P の特異点は 0 と 1 である．0 における P の $(-1,1)$ に関する b 関数は $s(s+2)$; 1 における b 関数は $-s(s+3)$ であるから，$Pu=0$ の有理解 u の分母は $g = x^2(x-1)^3$ とおける．すると $P(v/g)=0$ は
$$Qv = \bigl(x(1-x)\partial^2 + (3x-1)\partial - 3\bigr)v = 0$$
と同値であることがわかる．この多項式解の基底を 1.4 節の方法で求めると $x - 1/3$ と $x^3 - 3x^2$ を得る．よって $Pu=0$ を満たす有理関数全体の空間の基底は
$$\frac{3x-1}{x^2(x-1)^3},\quad \frac{x-3}{(x-1)^3}$$
で与えられる．

問題 1.8. 例 1.26 の計算を実際に実行せよ．(Q を導く計算は数式処理ソフトを用いてもよい．)

問題 1.9. $P = x(x^2+1)\partial + 3x^2 + 1$ に対して，$\mathrm{Ker}\,(P:K(x)\to K(x))$ の基底を求めよ．

問題 1.10. 1 変数多項式の因数分解機能を持った数式処理ソフトを用いて，$\mathbb{Q}$ を係数体とする微分作用素 P をインプットすると，$\mathrm{Ker}\,(P:\mathbb{Q}(x)\to\mathbb{Q}(x))$ の基底を出力するプログラムを作成せよ．

2

環と加群の言葉では?

 この章では,1 章で考察した常微分方程式の多項式解や巾級数解を求める問題を,代数学における環と加群の概念を用いて見直してみる.D 加群理論,すなわち微分方程式のこのような代数的な定式化は,特に次章以降で述べる多変数の場合に威力を発揮する.この章では 1 変数の場合に限って,D 加群理論の初歩とその応用について述べる.あわせて,環とその上の加群に関する基礎的事項も解説する.これは次章以降でも基本的な「言葉」として用いられる.

2.1 微分作用素環

 まず環の定義から始めよう.

定義 2.1 (環) 集合 R に加法と乗法と呼ばれる 2 項演算,すなわち $a, b \in R$ に対して $a+b$ (和) および ab (積) と書かれる R の元を対応させる規則が定められていて,次の性質を満たすとき,R を環 (ring) と呼ぶ ($a, b, c \in R$ とする):
 (1) $(a+b)+c = a+(b+c)$ (加法の結合法則)
 (2) $a+b = b+a$ (加法の交換法則)
 (3) R の元 0 が存在して,$\forall a \in R$ に対して $a+0 = a$ (加法の単位元の存在)
 (4) $\forall a \in R$ に対して $-a \in R$ が存在して $a+(-a) = 0$ (加法に関する逆元の存在)
 (5) $(ab)c = a(bc)$ (乗法の結合法則)
 (6) R の元 1 が存在して $\forall a \in R$ に対して $a1 = 1a = a$ (乗法の単位元の

存在)

(7) $(a+b)c = ac + bc, a(b+c) = ab + ac$ (分配法則)

さらに $ab = ba$ が成り立つとき，R は**可換環**と呼ばれる．可換環でない環を**非可換環**という．なお，加法 $+$ が定義されていて上記の (1)–(4) が成り立つような集合を加法群またはアーベル群と呼ぶ．

次の環は既におなじみであろう：

例 2.2. (1) 整数全体の集合 $\mathbb{Z}$ は自然な和と積によって可換環となる (整数環)．
(2) 体 K を係数とする x の多項式の全体 $K[x]$ は自然な和と積によって可換環となる (一変数多項式環)．
(3) 体 K を成分とする n 次正方行列 ($n \geq 2$) の全体は行列の和と積によって非可換環となる (行列環)．

定義 2.3 (微分作用素環) 多項式係数の線形常微分作用素 (以後単に微分作用素という) の全体の集合を D で表す (係数体 K は一つ固定しておく)．$P, Q \in D$ に対して，P, Q を $K[x]$ から $K[x]$ への線形写像とみなしたときの和を $P+Q$，合成写像を $P \cdot Q = PQ$ で表して P と Q の積と呼ぶ．すなわち

$$PQ : K[x] \ni f \longmapsto P(Qf) \in K[x]$$

である．以下で見るように D はこの 2 つの演算に関して環となるので，これを (1 変数) 微分作用素環と呼ぶ．なお多項式に関しては，0 階の微分作用素とみる場合と微分作用素の作用する関数とみる場合の 2 通りがあり，上記の記号では両者を区別できないので，紛らわしい場合には，$P \in D$ と，$a \in K[x]$ を微分作用素とみなしたときの積を $Pa = P \cdot a$，微分作用素 P の多項式 a への作用を $Pa = P(a)$ と書いて区別することにする．(この区別の仕方は本によって流儀が異なる．)

定義 2.4. ∂ に対応する不定元 ξ を用意して，微分作用素 $P = \sum_{i=0}^m a_i(x) \partial^i$ ($a_i \in K[x]$) に対して，2 変数多項式

2.1 微分作用素環

$$P(x,\xi) := \sum_{i=0}^{m} a_i(x)\xi^i$$

を定義する．これを P の**全表象** (total symbol) という．これによって，P と $P(x,\xi)$ の間に 1 対 1 の対応が付けられる．

命題 2.5 (ライプニッツの公式) $P, Q \in D$ の合成 $R := PQ$ はまた微分作用素であり，その全表象は

$$R(x,\xi) = \sum_{k=0}^{\infty} \frac{1}{k!} \frac{\partial^k P(x,\xi)}{\partial \xi^k} \frac{\partial^k Q(x,\xi)}{\partial x^k}$$

で与えられる．$P(x,\xi)$ は ξ の多項式だから，この和は実際には有限和である．

証明: 高階微分に関するライプニッツの公式によって，$a, b \in K[x]$ に対して

$$\partial^i(ab) = \sum_{k=0}^{i} \binom{i}{k} (\partial^k a)(\partial^{i-k} b)$$

が成立する．従って

$$P = \sum_{i=0}^{m} a_i(x)\partial^i, \qquad Q = \sum_{j=0}^{n} b_j(x)\partial^j$$

とおくと，$f \in K[x]$ に対して

$$(PQ)f = \sum_{i=0}^{m}\sum_{j=0}^{n} a_i(x)\partial^i(b_j(x)\partial^j f)$$

$$= \sum_{i=0}^{m}\sum_{j=0}^{n} a_i(x) \sum_{k=0}^{i} \binom{i}{k} \frac{\partial^k b_j(x)}{\partial x^k} \frac{\partial^{i-k+j} f}{\partial x^{i-k+j}}$$

だから，$R := PQ$ は微分作用素で，その全表象は

$$R(x,\xi) = \sum_{i=0}^{m}\sum_{j=0}^{n} a_i(x) \sum_{k=0}^{i} \frac{i(i-1)\cdots(i-k+1)}{k!} \frac{\partial^k b_j(x)}{\partial x^k} \xi^{i-k+j}$$
$$= \sum_{k=0}^{m} \frac{1}{k!} \sum_{i=k}^{m} a_i(x) \frac{\partial^k \xi^i}{\partial \xi^k} \sum_{j=0}^{n} \frac{\partial^k b_j(x)}{\partial x^k} \xi^j$$
$$= \sum_{k=0}^{\infty} \frac{1}{k!} \frac{\partial^k P(x,\xi)}{\partial \xi^k} \frac{\partial^k Q(x,\xi)}{\partial x^k}$$

で与えられる．(証了)

系 2.6. D は上記で定義した和と積によって非可換環となる．さらに $P,Q \in D$ が $PQ = 0$ を満たせば，$P = 0$ または $Q = 0$ である．

証明: 環の性質を満たすことは定義から容易に確かめられる．たとえば積に関する結合法則は，合成写像としての定義から従う．ライプニッツの公式から (あるいは直接定義から)

$$\partial \cdot x = x \cdot \partial + 1$$

がわかるから，積は非可換である．次に $P \neq 0, Q \neq 0$ として，P の階数を m, Q の階数を n とすると，命題2.5において，$k=0$ の項 $P(x,\xi)Q(x,\xi)$ は (0 でない多項式の積だから) 0 でなく，ξ について $m+n$ 次多項式である．一方，$k \geq 1$ の項は ξ について $n+m-1$ 次以下であるから，PQ の全表象は 0 でない．従って $PQ \neq 0$ である．(証了)

$P \in D$ の k 個の積を P^k で表す．なお，D は K を (定数倍写像として) 部分環として含むから，D は K 上のベクトル空間の構造も持っていて，$P \in D$ と $c \in K$ に対して $cP = Pc$ が成り立つ．このような環を K 代数 (K-algebra) と呼ぶ．K 上の多項式環や行列環も K 代数である．

また多項式環 $K[x]$ は，多項式を 0 階の微分作用素とみなすことによって，微分作用素環 D の部分環，すなわち部分集合であって，同じ演算で環となっている．

例 2.7. k を非負整数とするとき D において

$$x^k\partial^k = x\partial(x\partial - 1)\cdots(x\partial - k + 1) \tag{2.1}$$

が成立することを k についての帰納法で示そう．$k=0$ のときは両辺が 1 で成立する．$k \geq 0$ で (2.1) が成立すると仮定すると，

$$\begin{aligned} x\partial(x\partial - 1)\cdots(x\partial - k + 1)(x\partial - k) &= x^k\partial^k(x\partial - k) \\ &= x^{k+1}\partial^{k+1} + kx^k\partial^k - kx^k\partial^k \\ &= x^{k+1}\partial^{k+1} \end{aligned}$$

となって結論を得る．ここでライプニッツの公式，または $\partial x - x\partial = 1$ から $\partial^k x = x\partial^k + k\partial^{k-1}$ となることを用いた．

問題 2.1. k を非負整数とするとき D において

$$\partial^k x^k = (x\partial + 1)(x\partial + 2)\cdots(x\partial + k)$$

が成立することを示せ．

問題 2.2. n を非負整数とするとき次を示せ (例 1.7 を参照).
 (1) u を x の無限回微分可能関数とするとき，$e^{x^2}\partial^n(e^{-x^2}u) = (\partial - 2x)^n u$.
 (2) $n \geq 1$ のとき，$\partial(\partial - 2x)^n = (\partial - 2x)^n\partial - 2n(\partial - 2x)^{n-1}$.
 (3) $P_n = \partial^2 - 2x\partial + 2n$ とおくとき，$P_n(\partial - 2x)^n = (\partial - 2x)^{n+1}\partial$.
 (4) $u_n := e^{x^2}\partial^n(e^{-x^2})$ は n 次多項式で $P_n u_n = 0$ を満たす．(よって u_n は n 次エルミート多項式の定数倍である．)

問題 2.3. 数式処理ソフトを用いて，2 つの微分作用素の積をライプニッツの公式で計算するプログラムを作成せよ．

2.2　D 加群

ベクトル空間の拡張として，環の上の加群の概念を定義しよう．

定義 2.8 (環上の加群) R を環とする．集合 M が**左 R 加群** (left R-module) とは，M が加法 + によって加法群であり，さらに写像 (R の M への作用)

$$R \times M \ni (a, u) \longmapsto au \in M$$

が定義されていて，任意の $a, b \in R$, $u, v \in M$ に対して
  (1) $a(u+v) = au + av$
  (2) $(a+b)u = au + bu$
  (3) $1u = u$
  (4) $(ab)u = a(bu)$
が成立することである．また，加法群 M が**右 R 加群**とは，写像

$$M \times R \ni (u, a) \longmapsto ua \in M$$

が定義されていて，任意の $a, b \in R$, $u, v \in M$ に対して
  (1′) $(u+v)a = ua + va$
  (2′) $u(a+b) = ua + ub$
  (3′) $u1 = u$
  (4′) $u(ab) = (ua)b$
が成立することである．右加群に関しては R の元を右側に書いたが，もし左側に書けば (4′) は $(ab)u = b(au)$ となる．特に R が可換環ならば，左 R 加群と右 R 加群は同じことであるから単に R 加群と呼ぶ．また，N が M の部分集合であって，同じ写像によって左 (または右)R 加群であるとき，すなわち
  (1) $u, v \in N$ ならば $u \pm v \in N$,
  (2) $u \in N, a \in R$ ならば $au \in N$ (または $ua \in N$)
の 2 つの条件が成立するとき，N を M の**左 (または右) 部分 R 加群**という．0 だけからなる加群 $\{0\}$ をしばしば単に 0 で表す．

この定義で R が体 K であるときは，K 加群とは K 上のベクトル空間に他ならない．つまり，環上の加群とはベクトル空間の概念の拡張になっている．また，環 R 自身も積

$$R \times R \ni (a, b) \longmapsto ab \in R$$

によって，右側の R を M とみなせば左 R 加群，左側の R を M とみなせば右 R 加群となる．このようにして R 自身を左 (右) R 加群とみなしとき，R の左 (右) 部分 R 加群のことを R の**左 (右) イデアル** (ideal) という．

例 2.9. 微分作用素の多項式へ作用

$$D \times K[x] \ni (P, f) \longmapsto Pf \in K[x]$$

によって $K[x]$ は左 D 加群となる．同様にして $K(x)$ や $K[[x]]$ も左 D 加群となる．

定義 2.10. M を左 R 加群として，$u_1, \ldots, u_r \in M$ とすると，

$$Ru_1 + \cdots + Ru_r := \{a_1 u_1 + \cdots + a_r u_r \mid a_1, \ldots, a_r \in R\}$$

は M の部分左 R 加群となる．これを $u_1, \ldots, u_r$ の生成する**左部分 R 加群**，$\{u_1, \ldots, u_r\}$ をその**生成系** (または**生成元**) という．($M = R$ の場合は $u_1, \ldots, u_r$ の生成する**左イデアル**という．) このように有限個の元からなる生成系を持つ R 加群は，(R 上) **有限生成**であると呼ばれる．同様に M が右 R 加群のとき，

$$u_1 R + \cdots + u_r R := \{u_1 a_1 + \cdots + u_r a_r \mid a_1, \ldots, a_r \in R\}$$

を $u_1, \ldots, u_r$ の生成する**右部分 R 加群**という．生成系や有限生成の概念も同様に定義する．

なお，生成系のことを習慣上，基底と呼ぶこともある (3 章の包合基底やグレブナー基底など)．R が可換のときは，$f_1, \ldots, f_r \in R$ の生成するイデアルを

$$Rf_1 + \cdots + Rf_r = \langle f_1, \ldots, f_r \rangle$$

とも表す．

定義 2.11 (剰余加群) M を左 (または右) R 加群とする．N を M の左 (または右) 部分 R 加群とするとき，M の同値関係 $\sim$ を u,v に対して

$$u \sim v \iff u - v \in N$$

で定義する．この同値関係による商集合を M/N と書く．$u \in M$ を含む同値類 (剰余類ともいう) を $[u]$ で表すとき，$a \in R$ と $u,v \in M$ に対して

$$[u] + [v] := [u+v],$$
$$a[u] := [au] \quad (\text{または } [u]a := [ua])$$

によって M/N は左 (または右) R 加群になることが容易に確かめられる．

たとえば，$P \in D$ に対して DP は D の左イデアルだから，剰余加群 D/DP は左 D 加群である．また，PD は D の右イデアルだから，剰余加群 D/PD は右 D 加群である．

定義 2.12. R を環として，M, N を共に左 (または右) R 加群とする．写像 $\varphi : M \to N$ が左 (または右) R 加群としての**準同型** (R 準同型, R-homomorphism) であるとは，任意の $a \in R$ と $u,v \in M$ に対して

$$\varphi(u+v) = \varphi(u) + \varphi(v),$$
$$\varphi(au) = a\varphi(u) \quad (\text{または } \varphi(ua) = \varphi(u)a)$$

が成立することである．さらに φ が全単射であるとき φ は R **同型** (R-isomorphism) といい，$\varphi : M \xrightarrow{\sim} N$, $M \simeq N$ などと書く．

M から N への R 準同型の全体を $\mathrm{Hom}_R(M,N)$ で表す．$\varphi, \psi \in \mathrm{Hom}_R(M,N)$ に対して，$\varphi + \psi$ を

$$(\varphi + \psi)(u) = \varphi(u) + \psi(u) \quad (u \in M)$$

で定義すれば，$\mathrm{Hom}_R(M,N)$ は加法群になる．さらに R が K 代数であれば，$c \in K$ に対して

$$(c\varphi)(u) = c\varphi(u) \quad (u \in M)$$

によって $\mathrm{Hom}_R(M,N)$ は K 上のベクトル空間になる．

特に V, W が K 上のベクトル空間のときは，$\mathrm{Hom}_K(V,W)$ は V から W への線形写像の全体に他ならない．

命題 2.13 (加群に対する準同型定理) M, N を左 R 加群，$\varphi : M \to N$ を R 準同型とする．このとき

$$\mathrm{Ker}\,\varphi := \{u \in M \mid \varphi(u) = 0\}$$

は M の左部分 R 加群，

$$\mathrm{Im}\,\varphi := \{\varphi(u) \mid u \in M\}$$

は N の左部分 R 加群である．φ が全射ならば，φ は R 同型

$$\overline{\varphi} : M/\mathrm{Ker}\,\varphi \xrightarrow{\sim} N$$

を誘導する．以上のことは右 R 加群についても同様に成立する．

証明: 1.2 節のベクトル空間に対する準同型定理と同様に示すことができる．(証了)

例 2.14. 微分作用素の多項式 1 への作用で定まる写像

$$\varphi : D \ni P \longmapsto P(1) \in K[x]$$

は左 D 加群としての全射準同型であり，$\mathrm{Ker}\,\varphi = D\partial$ であることがわかるから，準同型定理によって，左 D 加群として $K[x]$ は剰余加群 $D/D\partial$ と同型である．

以上，環と加群に関する言葉を導入してきたが，その最初の応用として，微分方程式の解を D 加群の言葉で言い替えることができることを説明しよう．微分

作用素 $P \in D$ に対して左 D 加群 $M := D/DP$ を考える．F を任意の左 D 加群とする．$A \in D$ の M における同値類を $[A]$ で表そう．$\varphi \in \mathrm{Hom}_D(M, F)$ とすると，$[P] = [0]$ だから，$f := \varphi([1]) \in F$ とすれば

$$0 = \varphi([0]) = \varphi([P]) = \varphi(P[1]) = P\varphi([1]) = Pf$$

が成立する．また，$f = 0$ ならば $\varphi([A]) = Af = 0$ だから $\varphi = 0$ である．逆に $f \in F$ が $Pf = 0$ を満たせば，

$$\varphi([A]) := Af$$

により $\varphi \in \mathrm{Hom}_D(M, F)$ が定まる．実際，$\varphi([AP]) = A(Pf) = 0$ だから $\varphi([A])$ は同値類 $[A]$ のみで決まって D 準同型になることがわかる．また D は K 代数だから，$P : F \to F$ は K 上のベクトル空間としての線形写像である．以上によって，K 上のベクトル空間としての同型写像

$$\mathrm{Hom}_D(M, F) \ni \varphi \longmapsto \varphi([1]) \in \mathrm{Ker}\,(P : F \to F)$$

が定義される．つまり「関数空間」F における同次微分方程式 $Pu = 0$ の解 $u \in F$ の全体は，M から F への D 準同型の全体と同一視できる．F としては，たとえば 1 章で扱った $K[x], K[[x]], K(x)$ などが考えられる．$K = \mathbb{C}$ なら，$\mathbb{R}$ 上の複素数値 C^∞ 級関数の全体 $C^\infty(\mathbb{R})$ を F と考えてもよい．

2.3　D 加群の積分と多項式解

定義 2.15. M を右 D 加群とすると線形写像

$$\cdot \partial : M \ni v \longmapsto v\partial \in M$$

が定義される．この余核と核

$$\int^0 M := \mathrm{Coker}\,(\cdot\partial : M \to M) = M/M\partial,$$
$$\int^{-1} M := \mathrm{Ker}\,(\cdot\partial : M \to M)$$

をそれぞれ M の**積分**(または**順像**) の 0 次および -1 次コホモロジー (cohomology) という．M が左 D 加群のときは $\cdot\partial$ のかわりに

$$\partial\cdot : M \ni v \longmapsto \partial v \in M$$

の余核と核として，$\int^0 M$ と $\int^{-1} M$ を定義する．$\int^0 M$ を単に M の積分と呼ぶ場合もある．

積分という名前の由来については 5.3 節で説明する．

定理 2.16. $P \in D \setminus \{0\}$ に対して，右 D 加群 $M := D/PD$ を考えると次の 2 つの同型写像が存在する:

$$\varphi_0 : \int^0 M \xrightarrow{\simeq} \mathrm{Coker}\,(P : K[x] \to K[x]),$$

$$\varphi_{-1} : \int^{-1} M \xrightarrow{\simeq} \mathrm{Ker}\,(P : K[x] \to K[x]).$$

具体的には φ_0 は，$A \in D$ に対して $\varphi_0([[A]]) = [A(1)]$ で与えられる．ここで $[[A]]$ は $M/M\partial = D/(PD + D\partial)$ における同値類，$[A(1)]$ は A の多項式 1 への作用 $A(1)$ の $\mathrm{Coker}\,P$ における同値類を表す．また M において $[A]\partial = 0$ を満たすような A に対して，$A\partial = PQ$ が成立するような $Q \in D$ がただ一つ存在する．このとき $\varphi_{-1}([A]) = Q(1)$ と定義する．

証明: $A \in D$ の M における同値類を $[A]$ で表そう．一般に $A = \sum_{i=0}^{m} a_i(x)\partial^i$ ($a_i \in K[x]$) に対して，$\rho(A) := a_0(x) = A(1) \in K[x]$ によって全射線形写像 $\rho : D \to K[x]$ を定義しよう．$A \in D$ に対して

$$[A] \in M\partial \iff [A] = [B]\partial \quad (\exists B \in D)$$
$$\iff A \in D\partial + PD := \{B\partial + PQ \mid B, Q \in D\}$$

である．従って，K 上のベクトル空間として $M/M\partial$ は $D/(D\partial + PD)$ と同型である．

さて $A = B\partial + PQ$ のとき,

$$\rho(A) = A(1) = P(Q(1)) \in P(K[x])$$

である. 逆に $\rho(A) \in P(K[x])$ が成り立つとすると, ある $q \in K[x]$ があって $\rho(A) = P(q)$ となる. 従って, ある $B \in D$ があって

$$A = B\partial + \rho(A) = B\partial + P(q)$$

が成り立つ. 一方

$$\rho(P \cdot q) = (P \cdot q)(1) = P(q)$$

だから, ある $Q \in D$ があって $P \cdot q = Q\partial + P(q)$ となる. 従って

$$A = B\partial + P(q) = (B - Q)\partial + P \cdot q \in D\partial + PD$$

を得る. 以上によって, $\rho^{-1}(P(K[x])) = D\partial + PD$ であることが示されたから, ρ は K 上のベクトル空間としての同型写像

$$\varphi_0 : M/M\partial = D/(D\partial + PD) \longrightarrow \mathrm{Coker}\,(P : K[x] \to K[x])$$

を誘導する. (線形写像 $A \mapsto [\rho(A)]$ に準同型定理を適用すればよい.)

次に2番目の同型写像を定義しよう. $A \in D$ が M において $[A]\partial = [A\partial] = [0]$ を満たしたとしよう. このとき M の定義から, ある $Q \in D$ があって $A\partial = PQ$ が成り立つ. 従って

$$0 = \rho(A\partial) = \rho(PQ) = P(Q(1))$$

である. このとき $\varphi_{-1}([A]) = Q(1)$ によって写像

$$\varphi_{-1} : \mathrm{Ker}\,(\partial : M \to M) \longrightarrow \mathrm{Ker}\,(P : K[x] \to K[x])$$

を定義しよう. $[A] = [0]$ のときは, ある $B \in D$ によって $A = PB$ と書けるから

$$PQ = A\partial = PB\partial,$$

従って $Q = B\partial$ で $Q(1) = 0$ となる.よって $\varphi_{-1}([A])$ は代表元 A の選び方に無関係に,同値類 $[A] \in M$ のみで定まることがわかった.φ_{-1} が線形写像であることも定義から直ちにわかる.逆に $q \in \mathrm{Ker}\,(P : K[x] \to K[x])$ とすると,$\rho(P \cdot q) = P(q) = 0$ だから,$P \cdot q = A\partial$ となる $A \in D$ がただ一つ存在する.このとき $\varphi_{-1}([A]) = q$ である.特に $q = 0$ ならば,$A\partial = 0$ より $A = 0$ となるから,この対応 $q \mapsto [A]$ は K 線形写像で φ_{-1} の逆写像であることがわかった.以上により φ_{-1} は同型写像である.(証了)

この定理によって,1.4 節で述べた計算アルゴリズムを用いて $M = D/PD$ の積分の 0 次および -1 次コホモロジーが具体的に計算できることがわかる.$f \in K[x]$ に対して,$\rho(f) = f$ より $\varphi_0([[f]]) = [f]$ が成立することに注意しておこう.特に $\int^0 M$ の基底として多項式の同値類からなるものがとれる.

例 2.17. (1) $M = D/xD$ のとき,$\mathrm{Coker}\,(x : K[x] \to K[x])$ の基底は $[1]$,$\mathrm{Ker}\,(x : K[x] \to K[x]) = \{0\}$ だから,$\int^0 M$ の基底は $\{[[1]]\}$,$\int^{-1} M = 0$ である.

(2) $M = D/\partial D$ のとき,$\mathrm{Coker}\,(\partial : K[x] \to K[x]) = 0$,$\mathrm{Ker}\,(\partial : K[x] \to K[x])$ の基底は $\{1\}$ だから,$\int^0 M = 0$,$\int^{-1} M$ の基底は $\{[1]\}$ である ($1\partial = \partial \cdot 1$ より).

例 2.18. 1.4 節で考察した作用素 $P = (x^2+1)\partial - 2x$ に対して,$M := D/PD$ とおく.$\mathrm{Coker}\,(P : K[x] \to K[x])$ の基底として $\{[1], [x^3]\}$ がとれたから,$\{[[1]], [[x^3]]\}$ が $\int^0 M = D/(D\partial + PD)$ の基底となる.$\mathrm{Ker}\,(P : K[x] \to K[x])$ の基底は $\{x^2+1\}$ であった.微分作用素の積の計算で

$$P \cdot (x^2+1) = (x^2+1)^2 \partial$$

となるので,定理 2.16 の証明の後半から,$\{[(x^2+1)^2]\}$ が $\int^{-1} M$ の基底であることがわかる.

次に,左 D 加群 $M = D/DP$ の積分の具体的な意味を考えてみよう.そのためには右加群と左加群の対応を付ける必要がある.

補題 2.19. $a \in K[x]$ と非負整数 i に対して，ある $Q \in D$ が存在して
$$a\partial^i = \partial Q + (-1)^i \partial^i(a)$$
が成立する．

証明: i に関する帰納法で示そう．$i = 0$ のときは $Q = 0$ とすればよい．
$$a\partial^i = \partial Q + (-1)^i \partial^i(a)$$
と仮定すると，$\partial \cdot a = a\partial + \partial(a)$ から，
$$\begin{aligned}
a\partial^{i+1} &= \partial Q \partial + (-1)^i \partial^i(a) \partial \\
&= \partial Q \partial + (-1)^i \partial \cdot \partial^i(a) - (-1)^i \partial^{i+1}(a) \\
&= \partial(Q\partial + (-1)^i \partial^i(a)) + (-1)^{i+1} \partial^{i+1}(a)
\end{aligned}$$
を得る．(証了)

定義 2.20 (随伴作用素) 微分作用素
$$P = \sum_{i=0}^{m} a_i(x) \partial^i \qquad (a_i \in K[x]) \tag{2.2}$$
に対して，その随伴作用素 $P^* \in D$ を
$$P^* = \sum_{i=0}^{m} (-1)^i \partial^i \cdot a_i$$
で定義する．

命題 2.21. $P \in D$ と $f \in K[x]$ に対して，D の元として $f \cdot P - P^*(f)$ は ∂ の生成する右イデアル ∂D に属する．さらに $P^*(f)$ はこの性質で特徴付けられる．すなわち $g \in K[x]$ が $f \cdot P - g \in \partial D$ を満たせば，$g = P^*(f)$ である．

証明: P を (2.2) の微分作用素とする．補題 2.19 から，$f \in K[x]$ に対してある $Q_0, \ldots, Q_m \in D$ が存在して

2.3 D 加群の積分と多項式解

$$f \cdot P = \sum_{i=0}^{m} f a_i \partial^i$$
$$= \sum_{i=0}^{m} (\partial Q_i + (-1)^i \partial^i (a_i f))$$
$$= \partial \left(\sum_{i=0}^{m} Q_i \right) + P^*(f)$$

が成り立つ．これで前半の主張が証明された．

次に $f \cdot P - g \in \partial D$ とすると，前半の式と合わせて $P^*(f) - g = \partial Q$ を満たす $Q \in D$ が存在することになるが，両辺の階数を比較して $Q = 0$，すなわち $g = P^*(f)$ を得る．(証了)

命題 2.22. $P, Q \in D$ に対して，$(PQ)^* = Q^* P^*$ と $(P^*)^* = P$ が成立する．

証明: 上の命題によって，任意の $f \in K[x]$ に対して $f \cdot P - P^*(f) \in \partial D$ であるから，右から Q を掛けて

$$f \cdot (PQ) - P^*(f) Q \in \partial D$$

を得る．一方 $P^*(f)$ と Q に上の命題を適用すれば

$$P^*(f) Q - Q^*(P^*(f)) \in \partial D$$

となる．この 2 つの式を加えて

$$f \cdot (PQ) - Q^*(P^*(f)) \in \partial D$$

を得る．従って $(PQ)^*(f) = Q^* P^*(f)$ が任意の $f \in K[x]$ に対して成立するから，$(PQ)^* = Q^* P^*$ である．

最後に $(P^*)^* = P$ を示そう．$f \in K[x]$ と $i \geq 0$ に対して，ライプニッツの公式より

$$\partial^i \cdot f - \partial^i(f) = \sum_{j=1}^{i} \frac{i!}{j!(i-j)!} \partial^{i-j}(f) \partial^j \in D\partial$$

だから，一般に

$$P \cdot f - P(f) \in D\partial$$

が成立することがわかる．両辺の随伴作用素をとれば，前半の主張から

$$f \cdot P^* - P(f) \in \partial D$$

が従う．従って命題 2.21 によって $P(f) = (P^*)^*(f)$, すなわち $(P^*)^* = P$ を得る．(証了)

命題 2.23. M を左 D 加群とする．$A \in D$ の $u \in M$ への右からの作用を $uA = A^*u$ によって定義すると，M は右 D 加群になる．これを M' と書くと，$M = D/DP$ $(P \in D)$ のとき M' は右 D 加群として D/P^*D に同型である．

証明: $u \in M$ と $A, B \in D$ に対して

$$(uA)B = B^*(uA) = B^*(A^*u) = (B^*A^*)u = (AB)^*u = u(AB)$$

であるから，M' は右 D 加群になる．$M = D/DP$ のときは

$$[1]A = A^*[1] = [A^*] = 0 \quad \Leftrightarrow \quad A^* \in DP \quad \Leftrightarrow \quad A \in P^*D$$

より $M' \simeq D/P^*D$ を得る．(証了)

定理 2.24. $P \in D \setminus \{0\}$ に対して，左 D 加群 $M := D/DP$ を考えると次の 2 つの同型写像が存在する:

$$\varphi_0 : \int^0 M \xrightarrow{\simeq} \mathrm{Coker}\,(P^* : K[x] \to K[x]),$$

$$\varphi_{-1} : \int^{-1} M \xrightarrow{\simeq} \mathrm{Ker}\,(P^* : K[x] \to K[x]).$$

具体的には，φ_0 は，$A \in D$ に対して $\varphi_0([[A]]) = [A^*(1)]$ で与えられる．ここで $[[A]]$ は $M/\partial M = D/(DP + \partial D)$ における同値類，$[A^*(1)]$ は $A^*(1)$ の

Coker P^* における同値類を表す．また，M において $\partial[A] = [0]$ を満たすような A に対して，$\partial A = QP$ が成立するような $Q \in D$ がただ一つ存在する．このとき，$\varphi_{-1}([A]) = Q^*(1)$ と定義する．

証明: M を命題 2.23 によって右 D 加群とみなしたものを M' とおくと，$M' = D/P^*D$ である．また M と M' はベクトル空間としては同一で，$u \in M = M'$ に対して $\partial u = -u\partial$ だから，ベクトル空間として

$$\mathrm{Coker}\,(\partial \cdot : M \to M) = \mathrm{Coker}\,(\cdot \partial : M' \to M'),$$

$$\mathrm{Ker}\,(\partial \cdot : M \to M) = \mathrm{Ker}\,(\cdot \partial : M' \to M')$$

である．これと定理 2.16 より結論を得る．(証了)

例 **2.25.** 例 2.17 と定理 2.24 より次がわかる．
(1) $M = D/Dx$ のとき $\int^0 M$ の基底は $\{[[1]]\}$，$\int^{-1} M = 0$．
(2) 左 D 加群 $K[x] \simeq D/D\partial$ に対して，$\int^0 K[x] = 0$，$\int^{-1} K[x]$ の基底は $\{[1]\}$．

例 **2.26.** $P = (x^2+1)\partial + 2x$ の定義する左 D 加群 $M := D/DP$ を考える．$P^* = -(x^2+1)\partial$ に 1.4 節のアルゴリズムを適用して，$\mathrm{Ker}\,(P^* : K[x] \to K[x])$ の基底として $\{1\}$，$\mathrm{Coker}\,(P^* : K[x] \to K[x])$ の基底として $\{[1], [x]\}$ がとれることがわかる．よって $\int^0 M = D/(\partial D + DP)$ の基底として，$\{[[1]], [[x]]\}$ がとれる．また，$P^* \cdot 1 = -(x^2+1)\partial$，すなわち $1 \cdot P = \partial(x^2+1)$ だから，$\int^{-1} M$ の基底としては $\{[x^2+1]\}$ がとれることがわかる．

問題 **2.4.** $P = (x^2-1)\partial + 2x$ として $M := D/DP$ とおくとき，$\int^0 M$ と $\int^{-1} M$ の基底を求めよ．

2.4　D 加群の制限と巾級数解

定義 **2.27.** 左 D 加群 M に対して，線形写像

$$x\cdot : M \ni v \longmapsto xv \in M$$

の余核と核

$$H^0\iota^*(M) := \mathrm{Coker}\,(x\cdot : M \to M) = M/xM,$$
$$H^{-1}\iota^*(M) := \mathrm{Ker}\,(x\cdot : M \to M)$$

をそれぞれ M の原点への制限 (または逆像) の 0 次および -1 次コホモロジーという.ここで ι は埋め込み写像 $\{0\} \to K$ を表している.

以下では簡単のため 0 次コホモロジーのみを考察するので,$H^0\iota^*(M)$ を単に ι^*M と書き,M の原点への制限と呼ぶ.$M = D/DP$ ($P \in D$) のときは,$A \in D$ の M における同値類を $[A]$ と書けば,

$$[A] \in xM \quad \Leftrightarrow \quad A \in xD + DP$$

であるから,ベクトル空間として $\iota^*M = D/(xD + DP)$ である.

例 2.28. m を正の整数として,$P = \partial^m$,$M = D/DP$ とおく.任意の $Q \in D$ に対して

$$Q = U\partial^m + a_0(x) + a_1(x)\partial + \cdots + a_{m-1}(x)\partial^{m-1}$$

が成立するような $U \in D$ と $a_0(x), \ldots, a_{m-1}(x) \in K[x]$ がただ一組存在するから,M の任意の元 u は

$$u = a_0(x)[1] + a_1(x)[\partial] + \cdots + a_{m-1}(x)[\partial^{m-1}]$$

という形で一意的に表される.そこで線形写像 $\rho : M \to K^m$ を

$$\rho(u) = (a_0(0), a_1(0), \cdots, a_{m-1}(0))$$

で定義すれば $\mathrm{Ker}\,\rho = xM$ であるから,準同型定理より ρ は M/xM から K^m への同型写像を誘導する.すなわち $\{[[1]], \ldots, [[\partial^{m-1}]]\}$ が $\iota^*M = M/xM$ の基底となる.

制限と巾級数解との関係を見るために，双対空間について説明しておこう．一般に K 上のベクトル空間 V に対して，V から K への K 線形写像の全体 $\mathrm{Hom}_K(V, K)$ を V の**双対空間** (dual space) と呼び V^* と書こう．線形写像の一次結合が自然に定義できるから，V^* も K 上のベクトル空間である．もし V が有限次元ベクトル空間ならば $\dim V^* = \dim V$ である．実際，V の基底を $\{e_1, \ldots, e_n\}$ とするとき，$e_i^* \in V^*$ を

$$e_i^*(c_1 e_1 + \cdots + c_n e_n) = c_i$$

で定義すると，$\{e_1^*, \ldots, e_n^*\}$ が V^* の基底になることが容易にわかる．また $v \in V$ を固定すると，

$$V^* \ni v^* \longmapsto v^*(v) \in K$$

は線形写像である．$v \neq 0$ ならば $v^*(v) \neq 0$ となるような $v^* \in V^*$ が存在するから，これによって V から $(V^*)^*$ への単射線形写像が定義されるが，V が有限次元ならば $\dim (V^*)^* = \dim V^* = \dim V$ だから，これは同型写像である．よって $(V^*)^* = V$ とみなしてよい．すなわち V と V^* は互いに他の双対空間になっている．V が無限次元のときは，上の対応によって V を $(V^*)^*$ の部分空間とみなせる (正確な証明にはツォルンの補題が必要であるが)．一方，V と V^* は (有限次元なら) 次元が等しいからベクトル空間として同型ではあるが，上記のように基底の選び方によらず「自然に定義される」同型写像はないので同一視はできない．

定理 2.29. $P \in D$ として $M := D/DP$ とおくと，K 上のベクトル空間として $\mathrm{Ker}\,(P : K[[x]] \to K[[x]])$ は $\mathrm{Hom}_K(\iota^* M, K)$，すなわち制限 $\iota^* M$ の双対空間に同型である．

証明: $\mathrm{Ker}\,(P : K[[x]] \to K[[x]])$ を単に $\mathrm{Ker}\,P$ と書こう．$f \in \mathrm{Ker}\,P$ に対して $\iota^*(f) \in (M/xM)^*$ を，

$$\iota^*(f)\ :\ M/xM \ni [[A]] \longmapsto (Af)|_{x=0} \in K$$

で定義できる．ただし $[[A]]$ は $A \in D$ の $M/xM = D/(xD + DP)$ における同値類，$|_{x=0}$ は巾級数の定数項を表すものとする．$A \in xD + DP$ のとき $Af|_{x=0} = 0$ だから，$\iota^*(f)([[A]])$ は M/xM の同値類 $[[A]]$ のみで定まるからである．これによって線形写像

$$\iota^* : \operatorname{Ker} P \ni f \longmapsto \iota^*(f) \in (M/xM)^*$$

が定義される．まず $\iota^*(f) = 0$ とすると，すべての非負整数 i に対して $\partial^i f|_{x=0} = 0$ であるから，$f = 0$ である．すなわち ι^* は単射である．

次に $\varphi \in (M/xM)^*$ に対して

$$f := \sum_{i=0}^{\infty} \frac{\varphi([[\partial^i]])}{i!} x^i$$

とおこう．任意の $A \in D$ に対して

$$\partial \left(\sum_{i=0}^{\infty} \frac{\varphi([[\partial^i A]])}{i!} x^i \right) = \sum_{i=1}^{\infty} \frac{\varphi([[\partial^i A]])}{(i-1)!} x^{i-1}$$
$$= \sum_{i=0}^{\infty} \frac{\varphi([\partial^i \partial A])}{i!} x^i,$$
$$x \left(\sum_{i=0}^{\infty} \frac{\varphi([[\partial^i A]])}{i!} x^i \right) = \sum_{i=0}^{\infty} \frac{\varphi([[\partial^i A]])}{i!} x^{i+1}$$
$$= \sum_{i=1}^{\infty} \frac{\varphi([[i\partial^{i-1}A]])}{i!} x^i$$
$$= \sum_{i=0}^{\infty} \frac{\varphi([[\partial^i xA]])}{i!} x^i$$

が成り立つ．これを繰り返し用いると，

$$Af = \sum_{i=0}^{\infty} \frac{\varphi([[\partial^i A]])}{i!} x^i \tag{2.3}$$

を得る．特に $[[\partial^i P]] = 0$ より，$Pf = 0$，すなわち $f \in \operatorname{Ker} P$ である．また (2.3) より

$$\iota^*(f)([[A]]) = Af|_{x=0} = \varphi([[A]])$$

であるから，$\iota^*(f) = \varphi$ が成立する．以上により ι^* が同型写像であることが示された．(証了)

特に $P \neq 0$ ならば，定理 1.10 によって $\operatorname{Ker} P$ は有限次元だから $(M/xM)^*$，従って $(M/xM)^{**}$ も有限次元である．M/xM は $(M/xM)^{**}$ の部分空間とみなせるから，M/xM 自身が有限次元である．よって上の定理から，双線形写像

$$\operatorname{Ker} P \times M/xM \ni (f, [[A]]) \longmapsto Af|_{x=0} \in K$$

によって $\operatorname{Ker}(P : K[[x]] \to K[[x]])$ と $\iota^* M = M/xM$ は互いに他の双対空間とみなすことができる．特に両者の次元は等しくて有限である．なお M/xM が有限次元であることは，5.1 節の議論を用いて直接示すこともできる．

2.5 有理関数と D 加群

有理関数の全体 $K(x)$ は微分作用素の自然な作用によって左 D 加群となるが，有限生成ではない．実際もし有限個の生成系 $u_1, \ldots, u_r$ がとれたとすると，$Du_1 + \cdots + Du_r$ の元の分母は，$u_1, \ldots, u_r$ の分母達の何個かの (重複を許した) 積で書けることになって，任意の有理関数を表すことはできない．そこで多項式 $f \in K[x]$ $(f \neq 0)$ を固定して，分母が f の巾になるような有理関数の全体を

$$K[x, f^{-1}] := \left\{ \frac{g}{f^\nu} \,\middle|\, g \in K[x], \nu \in \mathbb{N} \right\}$$

で表そう．$K[x, f^{-1}]$ は有理関数体 $K(x)$ の部分環である (体ではない)．また $K(x)$ の左部分 D 加群にもなっている．

1.6 節で見たように，P を微分作用素として $M = D/DP$ とおくと，P から定まるある多項式 f があって，

$$\operatorname{Hom}_D(M, K(x)) = \operatorname{Hom}_D(M, K[x, f^{-1}])$$

が成立する，つまり $Pu = 0$ の任意の有理解 u は $K[x, f^{-1}]$ に属するのであった．

この $K[x, f^{-1}]$ の D 加群としての構造を調べてみよう．今までは，与え

れた微分方程式 $Pu = 0$ に対して D 加群 $M = D/DP$ を考えたが，ここでは逆に，最初に D 加群が与えられていて，それに対応する微分方程式を求めてみよう，というわけである．

まず f は無平方であると仮定しても一般性を失わない．f_0 を f の無平方部分とすれば $K[x, f^{-1}] = K[x, f_0^{-1}]$ が成り立つからである．この仮定のもとで，s を不定元として f^s という形の「関数」を考え，最後に $s = -1$ とおこう，というのが基本的な考え方である．

微分作用素を係数とする s の多項式の全体を

$$D[s] := \{P(s) = P_m s^m + P_{m-1} s^{m-1} + \cdots + P_0 \mid m \in \mathbb{N}, P_0, \ldots, P_m \in D\}$$

で表そう．s の多項式としての和と積(ただし係数どうしは非可換であることに注意)によって $D[s]$ は非可換環となり D を部分環として含む．$K[x, f^{-1}, s]$ を $K[x, f^{-1}]$ の元を係数とする s の多項式の全体として，

$$N_f := K[x, f^{-1}, s]f^s = \{a(x, s)f^s \mid a(x, s) \in K[x, f^{-1}, s]\}$$

とおいて，$D[s]$ の元を自然に N_f に作用させる．たとえば

$$\partial(a(x, s)f^s) = \left(\frac{\partial a(x, s)}{\partial x} + s\frac{a(x, s)\partial f}{f}\right)f^s$$

である．整数 m に対して $f^m f^s = f^{s+m}$ と略記しよう．

次の命題が以下の議論のキーポイントとなる．これは一般の多変数多項式 f に対して佐藤幹夫と J. Bernstein によって導入された関係式の特別な場合である．

命題 2.30. $f \in K[x] \setminus \{0\}$ を無平方多項式とするとき，ある $a_0, a_1 \in K[x]$ が存在して (計算も可能)，N_f において

$$(a_1 \partial + (s+1)a_0)f^{s+1} = (s+1)f^s \tag{2.4}$$

が成立する．

証明: $f' = \partial(f)$ とおくと,

$$\partial f^{s+1} = (s+1)f'f^s, \quad (s+1)f^{s+1} = (s+1)ff^s$$

である. f と f' は互いに素だから, ユークリッドの互除法によって $a_1 f' + a_0 f = 1$ を満たす $a_0, a_1 \in K[x]$ が求まる. このとき

$$(a_1\partial + (s+1)a_0)f^{s+1} = (s+1)a_1 f'f^s + (s+1)a_0 ff^s = (s+1)f^s$$

である. (証了)

定理 2.31. $f \in K[x] \setminus \{0\}$ を無平方多項式とすると, 左 D 加群 $K[x, f^{-1}]$ は f^{-1} で生成される.

証明: 任意の自然数 m に対して, ある $P \in D$ があって $f^{-m} = Pf^{-1}$ を満たすことを示せばよい. そのために命題 2.30 の微分作用素 $P(s) := a_1\partial + (s+1)a_0$ を用いる. 関係式 $P(s)f^{s+1} = (s+1)f^s$ に $s = -m$ を代入すると

$$f^{-m} = \frac{-1}{m-1}P(-m)f^{-m+1}$$

を得る. 同様に $s = -m+1, \ldots, -2$ として

$$\begin{aligned}
f^{-m} &= \frac{1}{(m-1)(m-2)}P(-m)P(-m+1)f^{-m+2} \\
&= \cdots \\
&= \frac{(-1)^{m-1}}{(m-1)!}P(-m)P(-m+1)\cdots P(-2)f^{-1}
\end{aligned}$$

は Df^{-1} に属する. 従って $K[x, f^{-1}]$ の任意の元も Df^{-1} に属する. (証了)

次に f^{-1} の満たす微分方程式を求めよう. 簡単にわかるように $Q := f\partial + f'$ とおけば, $Qf^{-1} = 0$ が成立する. さらに f^{-1} の満たす方程式は本質的にこれだけであることがわかる.

一般に F を左 D 加群として, $u \in F$ とするとき,

$$\mathrm{Ann}_D u := \{P \in D \mid Pu = 0\}$$

を u の D における**零化イデアル** (annihilator ideal) と呼ぶ. これが D の左イデアルであることは明らかであろう. 準同型定理 (命題 2.13) を全射準同型 $D \ni P \mapsto Pu \in Du$ に適用して, F の左部分 D 加群 Du は $D/\mathrm{Ann}_D(u)$ に同型であることがわかる. 我々の目標は $\mathrm{Ann}_D(f^{-1}) = D(f\partial + f')$ を示すことである. そのために少し準備が必要である. 簡単のため K は複素数体 $\mathbb{C}$ に含まれると仮定しよう.

定義 2.32 (局所化) $\alpha \in \mathbb{C}$ に対して, 分母が α で 0 にならないような有理関数の全体

$$K[x]_\alpha := \left\{ \frac{h}{g} \,\middle|\, h, g \in K[x],\, g(\alpha) \neq 0 \right\}$$

を考える. これは $K(x)$ の部分環であり, かつ微分作用素の自然な作用によって左部分 D 加群でもある. $K[x]_\alpha$ を $K[x]$ の α における**局所化**という. また $K[x]_\alpha$ を係数とする微分作用素の全体を

$$D_\alpha := \left\{ P = \sum_{i=0}^m a_i(x) \partial^i \,\middle|\, m \in \mathbb{N},\, a_i(x) \in K[x]_\alpha \right\}$$

とおく (D の α における**局所化**). 2.1 節と同様の議論で, D_α は環となり, ライプニッツの公式 (命題 2.5) もそのままの形で成立する. さらに $K[x]_\alpha$ は D_α の作用によって左 D_α 加群となる.

まず f が 1 次式の場合を考察しよう.

補題 2.33. $K = \mathbb{C}, \alpha \in \mathbb{C}$ とするとき, 任意の $P \in D_\alpha$ に対して

$$P = Q((x-\alpha)\partial + 1) + r_1(x) + r_2(\partial), \quad r_1(\alpha) = 0$$

を満たす $r_1(x) \in \mathbb{C}[x]_\alpha, r_2(\partial) \in \mathbb{C}[\partial]$ と $Q \in D_\alpha$ が存在する. さらに, ある $g \in K[x]$ があって, P の係数がすべて $K[x, g^{-1}]$ に含まれれば, Q のすべての係数と $r_1(x)$ も $K[x, g^{-1}]$ に含まれる.

証明: P の階数 $\mathrm{ord}\, P$ に関する帰納法で証明しよう. $\mathrm{ord}\, P = 0$ のときは

2.5 有理関数と D 加群

$P = a_0(x) \in \mathbb{C}[x]_\alpha$ だから，$Q := 0, r_1(x) := a_0(x) - a_0(\alpha), r_2(\partial) := a_0(\alpha)$ とおけばよい．$\operatorname{ord} P = m \geq 1$ のとき，

$$P = \sum_{i=0}^{m} a_i(x) \partial^i, \quad a_i \in \mathbb{C}[x]_\alpha$$

として $c_m := a_m(\alpha)$ とおく．$a_m(x) - c_m$ の分子は $x = \alpha$ のとき 0 になるので $x - \alpha$ で割り切れる．従って $b_m(x) := (a_m(x) - c_m)/(x - \alpha)$ は $\mathbb{C}[x]_\alpha$ に属する．このとき $a_m(x) = (x - \alpha) b_m(x) + c_m$ より

$$R := P - b_m(x) \partial^{m-1}((x-\alpha)\partial + 1) - c_m \partial^m$$

は高々 $m - 1$ 階であるから，帰納法の仮定によって

$$R = Q((x-\alpha)\partial + 1) + r_1(x) + r_2(\partial), \quad r_1(\alpha) = 0$$

を満たす $r_1(x) \in \mathbb{C}[x]_\alpha$ と $r_2(\partial) \in \mathbb{C}[\partial]$ と $Q \in D_\alpha$ が存在する．この 2 つの式から

$$P = (b_m(x) \partial^{m-1} + Q)((x-\alpha)\partial + 1) + r_1(x) + r_2(\partial) + c_m \partial^m$$

を得る．最後の主張も以上の構成法から従う．(証了)

命題 2.34. $K = \mathbb{C}, \alpha \in \mathbb{C}$ とする．$P \in D_\alpha$ が $P(x-\alpha)^{-1} = 0$ を満たすことと，P が左イデアル $I_\alpha := D_\alpha((x-\alpha)\partial + 1)$ に属することは同値である．

証明: $((x-\alpha)\partial+1)(x-\alpha)^{-1} = 0$ であるから，$P \in I_\alpha$ ならば $P(x-\alpha)^{-1} = 0$ である．逆に $P \in D_\alpha$ が $P(x-\alpha)^{-1} = 0$ を満たすとする．補題 2.33 の Q, r_1, r_2 をとると，

$$0 = P(x-\alpha)^{-1} = r_1(x)(x-\alpha)^{-1} + r_2(\partial)(x-\alpha)^{-1} \tag{2.5}$$

である．$r_2(\partial) = \sum_{i=0}^{m} c_i \partial^i \ (c_i \in \mathbb{C})$ とおくと，

$$r_2(\partial)(x-\alpha)^{-1} = \sum_{i=0}^{m} (-1)^i i! c_i (x-\alpha)^{-i-1}$$

であるが，一方 $r_1(x)(x-\alpha)^{-1}$ は $r_1(\alpha) = 0$ より $\mathbb{C}[x]_\alpha$ に属すので，分母は α で 0 にならない．従って (2.5) の両辺に $(x-\alpha)^{m+1}$ を掛けて，次々に微分して $x = \alpha$ を代入すれば，$c_m = \cdots = c_0 = 0$ を得る．よって $r_2(\partial) = 0$ である．すると $r_1(x)(x-\alpha)^{-1} = 0$ より $r_1(x) = 0$ である．以上により $P = Q((x-\alpha)\partial + 1) \in I_\alpha$ が示された．(証了)

補題 2.35. $f_1, \ldots, f_m \in K[x] \setminus \{0\}$ の最大公約数を g とするとき，$q_1 f_1 + \cdots + q_m f_m = g$ を満たす $q_1, \ldots, q_m \in K[x]$ が存在する．

証明: $m = 2$ のときはユークリッドの互除法からわかる．$m \geq 3$ のとき，$f_1, \ldots, f_{m-1}$ の最大公約数を h とすると，帰納法の仮定によって $q_1 f_1 + \cdots + q_{m-1} f_{m-1} = h$ を満たす $q_1, \ldots, q_{m-1}$ が存在する．g は h と f_m の最大公約数であるから $ah + bf_m = g$ を満たす $a, b \in K[x]$ が存在する．このとき
$$aq_1 f_1 + \cdots + aq_{m-1} f_{m-1} + bf_m = g$$
である．(証了)

定理 2.36. $f \in K[x] \setminus \{0\}$ を無平方多項式とすると，f^{-1} の零化イデアル $\mathrm{Ann}_D f^{-1}$ は $f\partial + f'$ の生成する左イデアルと一致する．

証明: まず $K = \mathbb{C}$ として証明する．$P \in D$ が $Pf^{-1} = 0$ を満たすとする．f は無平方だから，相異なる $\alpha_1, \ldots, \alpha_m \in \mathbb{C}$ によって $f = (x-\alpha_1)\cdots(x-\alpha_m)$ と分解されるとしてよい．$\alpha_1, \ldots, \alpha_m$ の1つを α とおいて $f = (x-\alpha)g(x)$ と書くと，$g(\alpha) \neq 0$ であるから $g(x)^{-1} \in \mathbb{C}[x]_\alpha$ となる．さて
$$0 = Pf^{-1} = (P \cdot g^{-1})(x-\alpha)^{-1}$$
であるから，命題 2.34 によって，ある $Q_\alpha \in D_\alpha$ が存在して
$$P \cdot g^{-1} = Q_\alpha((x-\alpha)\partial + 1) \tag{2.6}$$
が成立する．しかも Q_α の各係数は $K[x, g^{-1}]$ に属するから，適当な非負整

数 n_α によって $g^{n_\alpha} Q_\alpha \in D$ となる. ここで

$$((x-\alpha)\partial + 1) \cdot g = (x-\alpha)g\partial + (x-\alpha)g' + g = f\partial + f'$$

に注意すると, (2.6) より

$$g^{n_\alpha} P = g^{n_\alpha} Q_\alpha ((x-\alpha)\partial + 1) \cdot g = g^{n_\alpha} Q_\alpha (f\partial + f') \in D(f\partial + f')$$

が従う.

以上によって, 各 $i = 1, \ldots, m$ に対して $g_i(x) := f(x)/(x-\alpha_i)$ とおけば, ある非負整数 n_i が存在して $g_i^{n_i} P \in D(f\partial + f')$ となることがわかった. $g_1^{n_1}, \ldots, g_m^{n_m}$ の最大公約数は 1 であるから, 補題 2.35 を用いて $\sum_{i=1}^m q_i g_i^{n_i} = 1$ を満たす $q_1, \ldots, q_m \in \mathbb{C}[x]$ をとれば

$$P = \sum_{i=1}^m q_i g_i^{n_i} P \in D(f\partial + f')$$

を得る.

最後に K が $\mathbb{C}$ の部分体の場合は, $P = \sum_{i=0}^n a_i \partial^i$ $(a_i \in K[x])$ が $Pf^{-1} = 0$ を満たせば以上の議論から, ある $Q = \sum_{i=0}^{n-1} b_i \partial^i$ $(b_i \in \mathbb{C}[x])$ が存在して $P = Q(f\partial + f')$ が成立する. ライプニッツの公式で両辺の ∂^n の係数を比較して, $a_n = b_{n-1} f$ より $b_{n-1} \in K[x]$ を得る. 以下順番に $\partial^{n-1}, \ldots, 1$ の係数を比較することにより $b_{n-2}, \ldots, b_0 \in K[x]$ がわかる. (証了)

以上によって $M := D/D(f\partial + f')$ とおけば, M と $K[x, f^{-1}]$ は左 D 加群として同型であることがわかった. 線形写像 $\partial \cdot : K[x, f^{-1}] \ni u \mapsto \partial(u) \in K[x, f^{-1}]$ を考えると, $(f\partial + f')^* = (\partial \cdot f)^* = -f\partial$ だから定理 2.24 によって

$$\mathrm{Coker}\,(\partial \cdot : K[x, f^{-1}] \to K[x, f^{-1}]) = \int^0 M \simeq \mathrm{Coker}\,(f\partial : K[x] \to K[x]),$$

$$\mathrm{Ker}\,(\partial \cdot : K[x, f^{-1}] \to K[x, f^{-1}]) = \int^{-1} M \simeq \mathrm{Ker}\,(f\partial : K[x] \to K[x])$$

が成立する. $K = \mathbb{C}$ の場合は, これらは複素平面から f の零点を取り除いた集合 $U := \{\alpha \in \mathbb{C} \mid f(\alpha) \neq 0\}$ の代数的ドラム (de Rham) コホモロジーと呼

ばれる量になっており，U の位相的な性質を反映している．実際 $\int^{-1} M$ の K 上の次元は U の連結成分の個数 1 であり，$\int^0 M$ の次元は穴の個数 $\deg f$ に等しいことがわかる．

問題 2.5. $f = x^2$ のとき，$\mathrm{Ann}_D f^{-1}$ と $D(f\partial + f')$ は一致しないことを示せ．

問題 2.6. $f \in K[x] \setminus \{0\}$ に対して次を示せ．
(1) $\mathrm{Ker}\,(f\partial : K[x] \to K[x]) = K$.
(2) $\dim \mathrm{Coker}\,(f\partial : K[x] \to K[x]) = \deg f$.
(3) f が無平方で $\deg f = n$ のとき，$f^{-1}, xf^{-1}, \ldots, x^{n-1}f^{-1}$ の同値類は $\int^0 K[x, f^{-1}]$ の基底である．

3

微分作用素環とグレブナー基底

この章からは，いよいよ多変数の微分作用素環とその上の加群 (D 加群) を考察する．具体的には連立線形偏微分方程式を扱うことになる．この偏微分方程式系に対応する左イデアルの適当な重みベクトルに関する「良い」生成系 (包合基底と呼ぶ) を選ぶことが，D 加群の理論においても具体計算においても重要である．この包合基底の一般的な計算法を与えてくれるのが，グレブナー基底とそれを計算する Buchberger アルゴリズムである．これは連立 1 次方程式を解くためのガウスの消去法と，一変数多項式の最大公約数を求めるためのユークリッドの互除法の双方の一般化となっている．もともと多項式環の問題を解くために導入されたグレブナー基底が，いかに D 加群の具体計算に役立つかを解説するのがこの章以降の目的である．

3.1 微分作用素環と D 加群

まず記号の定義から始めよう．$x_1, \ldots, x_n$ という n 個 ($n \geq 1$) の不定元を考え，まとめて $x = (x_1, \ldots, x_n)$ と書くことにする．$x_1, \ldots, x_n$ の**単項式** (monomial) とは，$\alpha := (\alpha_1, \ldots, \alpha_n), \alpha_1, \ldots, \alpha_n \in \mathbb{N} := \{0, 1, 2, 3, \ldots\}$ として $x^\alpha := x_1^{\alpha_1} \cdots x_n^{\alpha_n}$ という形の式のことである．α を**多重指数** (multi-index) と呼び，$|\alpha| := \alpha_1 + \cdots + \alpha_n$ と書く．K を標数 0 の体とすると，K の元を係数とする**多項式** (polynomial) は有限和

$$f = \sum_{\alpha \in \mathbb{N}^n} a_\alpha x^\alpha \quad (a_\alpha \in K)$$

で一意的に表すことができる．このような多項式の全体を $K[x] = K[x_1, \ldots, x_n]$ で表す．これは自然な加法と乗法によって可換環になることが容易にわかる．これを K **係数の n 変数多項式環**と呼ぶ．$K[x]$ は K 代数の構造を持つことも明らかであろう．x_i に関する偏微分

$$\partial_i : K[x] \ni f \longmapsto \frac{\partial f}{\partial x_i} \in K[x]$$

は $K[x]$ から $K[x]$ への K 線形写像である．また多項式 $a = a(x) \in K[x]$ も線形写像

$$a : K[x] \ni f \longmapsto af \in K[x]$$

を引き起こす．これらの線形写像の合成とそれらの有限和で表されるような写像が微分作用素である．

定義 3.1. $\alpha = (\alpha_1, \ldots, \alpha_n) \in \mathbb{N}^n$ に対して $\partial^\alpha = \partial_1^{\alpha_1} \cdots \partial_n^{\alpha_n}$ と書く．有限和

$$P = \sum_{\alpha \in \mathbb{N}^n} a_\alpha(x) \partial^\alpha \quad (a_\alpha(x) \in K[x])$$

で表される式 P を変数 $x_1, \ldots, x_n$ に関する (多項式係数の) **微分作用素** (differential operator) と呼ぶ．この右辺を微分作用素 P の**正規形**という．$P = 0$ とはすべての係数 a_α が 0 多項式となることとする．このとき

$$\mathrm{ord}\, P := \max\{|\alpha| \mid a_\alpha(x) \neq 0\}$$

を P の**階数** (order) と呼ぶ．P の多項式 f への作用

$$Pf = \sum_\alpha a_\alpha(x) \frac{\partial^{|\alpha|} f}{\partial x^\alpha} = \sum_\alpha a_\alpha(x) \frac{\partial^{|\alpha|} f}{\partial x_1^{\alpha_1} \cdots \partial x_n^{\alpha_n}}$$

は K 線形写像 $K[x] \ni f \mapsto Pf \in K[x]$ を引き起こす．微分作用素全体のなす集合を D_n，または単に D で表そう．また $\xi = (\xi_1, \ldots, \xi_n)$ を不定元として，P の**全表象** (total symbol) を

$$P(x, \xi) = \sum_{\alpha \in \mathbb{N}^n} a_\alpha(x) \xi^\alpha$$

という $2n$ 変数の多項式として定義する．

対応 $D_n \ni P \mapsto P(x,\xi) \in K[x,\xi]$ は K 上の線形空間としての同型写像を定義する．（環としての同型写像ではない．）この対応によって微分作用素という非可換の量を多項式で表現することができる．特に数式処理による微分作用素の計算では，この対応と以下で述べるライプニッツの公式を用いるのが便利である．

補題 3.2. 微分作用素 P の表示 $P = \sum_{\alpha \in \mathbb{N}^n} a_\alpha(x)\partial^\alpha$ は線形写像 $P : K[x] \to K[x]$ から一意的に決まる．すなわち P が線形写像として 0 写像ならば，すべての α について $a_\alpha = 0$ である．

証明: P が線形写像として 0 写像であるとする．$P \neq 0$ と仮定して $\ell := \min\{|\alpha| \mid a_\alpha(x) \neq 0\}$ とおき，$\beta \in \mathbb{N}^n$, $|\beta| = \ell$ とする．$|\alpha| > \ell$, または $|\alpha| = \ell$ かつ $\alpha \neq \beta$ のとき，$\alpha_i > \beta_i$ となる i があるから，$\partial^\alpha(x^\beta) = 0$ である．よって $|\beta| = \ell$ ならば

$$0 = Px^\beta = \sum_{|\alpha| \geq \ell} a_\alpha(x)\partial^\alpha(x^\beta) = \beta_1! \cdots \beta_n! a_\beta(x)$$

となり，ℓ の定義に反する．ゆえに $P = 0$ でなければならない．(証了)

微分作用素 P, Q に対して和 $P + Q$ は自然に定義されて，また微分作用素になる．積 PQ は線形写像としては合成写像

$$K[x] \ni f \longmapsto (PQ)f := P(Qf) \in K[x]$$

で定義される．

命題 3.3 (ライプニッツの公式) $P, Q \in D$ の合成 $R := PQ$ はまた微分作用素であり，その全表象は

$$R(x,\xi) = \sum_{\nu \in \mathbb{N}^n} \frac{1}{\nu!} \frac{\partial^{|\nu|} P(x,\xi)}{\partial \xi^\nu} \frac{\partial^{|\nu|} Q(x,\xi)}{\partial x^\nu}$$

で与えられる．ここで，$\nu = (\nu_1, \ldots, \nu_n)$ に対して $\nu! := \nu_1! \cdots \nu_n!$ と定義する．$P(x,\xi)$ は ξ の多項式だから，この和は実際には有限和である．

証明: 積の微分に関するライプニッツの公式によって，$a, b \in K[x]$ と $i = 1, \ldots, n$ に対して

$$\partial_i^k(ab) = \sum_{j=0}^{k} \binom{k}{j} \partial_i^j(a) \partial_i^{k-j}(b)$$

が成立する．∂_i と ∂_j が可換であることに注意すれば，これから任意の多重指数 $\alpha \in \mathbb{N}^n$ に対して

$$\partial^\alpha(ab) = \sum_{\beta \leq \alpha} \binom{\alpha}{\beta} \partial^\beta(a) \partial^{\alpha-\beta}(b)$$

が導かれる．ここで $\alpha = (\alpha_1, \ldots, \alpha_n)$, $\beta = (\beta_1, \ldots, \beta_n)$ のとき，$\beta \leq \alpha$ とはすべての i について $\beta_i \leq \alpha_i$ となることであり，このとき

$$\binom{\alpha}{\beta} := \binom{\alpha_1}{\beta_1} \cdots \binom{\alpha_n}{\beta_n}$$

とおく．さて

$$P = \sum_{\alpha \in \mathbb{N}^n} a_\alpha(x) \partial^\alpha, \qquad Q = \sum_{\beta \in \mathbb{N}^n} b_\beta(x) \partial^\beta$$

とおくと，$f \in K[x]$ に対して

$$P(Qf) = \sum_{\alpha, \beta \in \mathbb{N}^n} a_\alpha(x) \partial^\alpha (b_\beta(x) \partial^\beta f)$$
$$= \sum_{\alpha, \beta \in \mathbb{N}^n} a_\alpha(x) \sum_{\nu \leq \alpha} \binom{\alpha}{\nu} \partial^\nu(b_\beta(x))(\partial^{\alpha-\nu+\beta} f)$$

だから，$R := PQ$ は微分作用素で，その全表象は

$$R(x, \xi) = \sum_{\alpha, \beta \in \mathbb{N}^n} a_\alpha(x) \sum_{\nu \leq \alpha} \binom{\alpha}{\nu} \frac{\partial^{|\nu|}}{\partial x^\nu} b_\beta(x) \cdot \xi^{\alpha-\nu+\beta}$$
$$= \sum_{\alpha, \beta \in \mathbb{N}^n} \sum_{\nu \leq \alpha} \frac{1}{\nu!} a_\alpha(x) \xi^\beta \frac{\partial^{|\nu|}}{\partial x^\nu} b_\beta(x) \cdot \frac{\partial^{|\nu|}}{\partial \xi^\nu} \xi^\alpha$$
$$= \sum_{\nu \leq \alpha} \frac{1}{\nu!} \frac{\partial^{|\nu|}}{\partial \xi^\nu} P(x, \xi) \cdot \frac{\partial^{|\nu|}}{\partial x^\nu} Q(x, \xi)$$

3.1 微分作用素環と D 加群

で与えられる．(証了)

この命題によって D_n は非可換環 (K 代数) になり，$K[x]$ は D_n の上記の作用によって左 D_n 加群となることがわかる．D_n を $x = (x_1, \ldots, x_n)$ についての (多項式係数の) **微分作用素環** (ring of differential operators) または**ワイル代数** (Weyl algebra) という．D_n は多項式環 $K[x]$ を部分環として含んでいる．命題 3.3 の証明から，次の判定条件が導かれる．

補題 3.4. M を $K[x]$ 加群とする．各 $i = 1, \ldots, n$ に対して K 線形写像

$$\partial_i : M \ni u \longmapsto \partial_i u \in M$$

が定義されているとする．このとき微分作用素 $P = \sum_{\alpha \in \mathbb{N}^n} a_\alpha(x) \partial^\alpha$ の $u \in M$ への作用を

$$Pu = \sum_{\alpha \in \mathbb{N}^n} a_\alpha(x) \partial_1^{\alpha_1} \cdots \partial_n^{\alpha_n} u$$

で定義する．この作用によって M が左 D_n 加群となるための必要十分条件は，任意の $u \in M$ に対して

$$\begin{cases} \partial_i(x_j u) - x_j(\partial_i u) = \delta_{ij} u \\ \partial_i(\partial_j u) - \partial_j(\partial_i u) = 0 \end{cases} \quad (i, j = 1, \ldots, n) \tag{3.1}$$

が成立することである．ただし δ_{ij} は $i = j$ のとき 1, $i \neq j$ のとき 0 を表す (クロネッカーのデルタ)．

証明: D_n において

$$\partial_i x_j - x_j \partial_i = \delta_{ij}, \qquad \partial_i \partial_j - \partial_j \partial_i = 0$$

が成り立つから，(3.1) は必要条件である．逆に (3.1) を仮定すると，任意の正整数 k と $u \in M$ に対して

$$\partial_i(x_i^k u) - x_i^k \partial_i u = k x_i^{k-1} u = \partial_i(x_i^k) u$$

が成り立つことが k についての帰納法で容易に確かめられる．これと $i \neq j$ のとき ∂_i と x_j の作用が可換なことから，任意の $a \in K[x]$ に対して

$$\partial_i(au) = a(\partial_i u) + \partial_i(a)u \qquad (i=1,\ldots,n)$$

が従う．これから再び帰納法によって，任意の非負整数 k に対して

$$\partial_i^k(au) = \sum_{j=0}^{k} \binom{k}{j} \partial_i^j(a) \partial_i^{k-j} u \qquad (3.2)$$

が成り立つことがわかる．微分作用素に対するライプニッツの公式 (命題 3.3) の証明には u が $b \in K[x]$ の場合の (3.2) と，∂_i と ∂_j の作用が可換であることしか用いていないから，$b \in K[x]$ のかわりに $u \in M$ としてその証明を辿れば，任意の $P, Q \in D_n$ に対して $P(Qu) = (PQ)u$ が成立することがわかる．よって M は左 D_n 加群になる．(証了)

たとえば有理関数体 $K(x)$ や，$K = \mathbb{C}$ のときは $\mathbb{R}^n$ 上の複素数値無限回微分可能関数の全体 $C^\infty(\mathbb{R}^n)$ などを M とすれば，M は多項式倍の作用で $K[x]$ 加群であるが，偏微分 ∂_i の作用が線形であって (3.1) を満たすことは容易にわかるから，上の補題によって M は左 D_n 加群である．

さて，$P_1,\ldots,P_r \in D_n$ の生成する D_n の左イデアルを

$$I := D_n P_1 + \cdots + D_n P_r$$

とおいて剰余加群 $M := D_n/I$ を考えると，これは左 D_n 加群である．F を任意の左 D_n 加群とする (たとえば $K[x], K(x), C^\infty(\mathbb{R}^n)$ など)．$1 \in D_n$ の M における剰余類を $[1]$ で表そう．$\varphi : M \to F$ を D_n 準同型として $f := \varphi([1])$ とおくと，$[P_i] = [0]$ より

$$P_i f = P_i \varphi([1]) = \varphi([P_i]) = 0 \qquad (i=1,\ldots,r)$$

が成立する．もし $f = 0$ ならば，任意の $P \in D_n$ に対して $\varphi([P]) = P\varphi([1]) = Pf = 0$ だから，$\varphi = 0$ である．逆に $f \in F$ が

$$P_1 f = \cdots = P_r f = 0$$

を満たしたとすると，$\varphi : M \to F$ を $\varphi([P]) = Pf$ で定義できる．実際 $P \in I$ とすると，ある $Q_1,\ldots,Q_r \in D_n$ があって

$$P = Q_1 P_1 + \cdots + Q_r P_r$$

と書けるから

$$\varphi([P]) = Q_1 P_1 f + \cdots + Q_r P_r f = 0$$

となる．φ が D_n 準同型であることも容易にわかる．以上により対応

$$\mathrm{Hom}_{D_n}(M, F) \ni \varphi \longmapsto \varphi([1]) \in \{f \in F \mid P_1 f = \cdots = P_r f = 0\}$$

は K 上の線形空間としての同型写像であることがわかった．すなわち「関数空間」F における連立微分方程式

$$P_1 f = \cdots = P_r f = 0$$

の解全体は，D_n 加群の言葉では $\mathrm{Hom}_{D_n}(M, F)$ と同一視できることになる．

例 3.5. $I := D_n \partial_1 + \cdots + D_n \partial_n$, $M := D_n/I$ とおくと，$K[x]$ は左 D_n 加群として M と同型になる．これを示すために $P \in D_n$ に対して $\varphi(P) := P(1)$ (微分作用素 P の多項式 1 への作用) によって写像 $\varphi : D_n \to K[x]$ を定義すれば，$K[x]$ は左 D_n 加群だから，任意の $P, Q \in D_n$ に対して

$$\varphi(PQ) = (PQ)(1) = P(Q(1)) = P\varphi(Q)$$

が成り立ち，φ は左 D_n 加群としての準同型である．また $P = \sum_\alpha a_\alpha(x) \partial^\alpha$ のとき，$\varphi(P) = P(1) = a_0(x)$ であるから，

$$\mathrm{Ker}\, \varphi = \left\{ P = \sum_\alpha a_\alpha(x) \partial^\alpha \mid a_0(x) = 0 \right\} = I$$

である．よって準同型定理により φ は左 D_n 加群としての同型写像 $M \xrightarrow{\sim} K[x]$ を誘導する．従って K 上のベクトル空間として

$$\begin{aligned}
\mathrm{Hom}_{D_n}(K[x], K[x]) &= \mathrm{Hom}_{D_n}(M, K[x]) \\
&\simeq \{f \in K[x] \mid \partial_1 f = \cdots = \partial_n f = 0\} \\
&= K \quad \text{(定数全体)}
\end{aligned}$$

となることがわかる．後の等式は $x_1,\ldots,x_n$ で微分すると 0 になる多項式は定数に限ることから従う．$K=\mathbb{C}$ のときは同様にして

$$\mathrm{Hom}_{D_n}(\mathbb{C}[x], C^\infty(\mathbb{R}^n)) \simeq \mathbb{C}$$

が成立する．

例 3.6 (零化イデアル) F を左 D_n 加群，$f \in F$ とする．このとき

$$\mathrm{Ann}_{D_n} f := \{P \in D_n \mid Pf = 0\}$$

は D_n の左イデアル (f の零化イデアルという) であり，写像 $\varphi : D_n \ni P \longmapsto Pf \in F$ は同型写像

$$\overline{\varphi} : D_n / \mathrm{Ann}_{D_n} f \xrightarrow{\sim} D_n f$$

を引き起こす．

例 3.7 (フーリエ変換) M を左 D_n 加群とする．$u \in M$ に対して

$$x_i \circ u = -\partial_i u, \quad \partial_i \circ u = x_i u \qquad (i = 1, \ldots, n)$$

によって新しい作用 $\circ$ を定義し，$P = \sum_{\alpha,\beta} a_{\alpha\beta} x^\alpha \partial^\beta$ に対して

$$P \circ u = \sum_{\alpha,\beta} (-1)^{|\alpha|} a_{\alpha\beta} \partial^\alpha x^\beta u$$

とおく．x_i と x_j の作用は可換だから，M は作用 $\circ$ で $K[x]$ 加群となる．さらに定義から

$$\partial_i \circ (x_j \circ u) - x_j \circ (\partial_i \circ u) = x_i(-\partial_j u) + \partial_j(x_i u) = \delta_{ij} u$$

が成り立ち，∂_i と ∂_j の作用は可換だから，補題 3.4 によって，M は作用 $\circ$ に関して左 D_n 加群となる．これを $\mathcal{F}(M)$ と書いて M のフーリエ変換と呼ぶ．

特に $M = D_n$ の場合，$P = \sum_{\alpha,\beta} a_{\alpha\beta} x^\alpha \partial^\beta$ と $Q \in D_n$ に対して

$$P \circ Q = \sum_{\alpha,\beta}(-1)^{|\alpha|}a_{\alpha\beta}\partial^{\alpha}x^{\beta}Q$$

となる．このとき微分作用素 P のフーリエ変換を

$$\mathcal{F}(P) := \sum_{\alpha,\beta}(-1)^{|\alpha|}a_{\alpha\beta}\partial^{\alpha}x^{\beta}$$

で定義すれば，$P \circ Q = \mathcal{F}(P)Q$ である．D_n が $\circ$ によって左 D_n 加群となることから，$P, Q, R \in D_n$ に対して

$$\mathcal{F}(PQ)R = (PQ) \circ R = P \circ (Q \circ R) = \mathcal{F}(P)\mathcal{F}(Q)R,$$

すなわち $\mathcal{F}(PQ) = \mathcal{F}(P)\mathcal{F}(Q)$ が成立する．$\mathcal{F}(1) = 1$, $\mathcal{F}(P \pm Q) = \mathcal{F}(P) \pm \mathcal{F}(Q)$ が成立することも明らかである．つまり写像

$$\mathcal{F} : D_n \ni P \longmapsto \mathcal{F}(P) \in D_n$$

は環準同型である．さらに $\mathcal{F}(\mathcal{F}(x_i)) = -x_i$, $\mathcal{F}(\mathcal{F}(\partial_i)) = -\partial_i$ が成り立つから，環準同型 $\mathcal{F}^2$ は全単射である．以上により $\mathcal{F}$ は D_n から D_n への環同型 (つまり環準同型かつ全単射) を引き起こすことがわかる．また上記の $P \in D_n$ の $u \in M$ への作用は，

$$P \circ u = \mathcal{F}(P)u$$

で定義されることになる．$\mathcal{F}$ の逆写像 $\overline{\mathcal{F}}$ は，D_n から D_n への環同型で $\overline{\mathcal{F}}(x_i) = \partial_i$, $\overline{\mathcal{F}}(\partial_i) = -x_i$ を満たす．

問題 3.1. $P_1, \ldots, P_r \in D_n$ として $I := D_n P_1 + \cdots + D_n P_r$ とおく．
(1) $\overline{\mathcal{F}}(I) := \{\overline{\mathcal{F}}(P) \mid P \in I\}$ は $\overline{\mathcal{F}}(P_1), \ldots, \overline{\mathcal{F}}(P_r)$ で生成される D_n の左イデアルであることを示せ．
(2) $M := D_n/I$ のフーリエ変換 $\mathcal{F}(M)$ は，左 D_n 加群として $D_n/\overline{\mathcal{F}}(I)$ に同型であることを示せ．(ヒント: $P \in D_n$ の M における同値類を $[P]$ で表せば，$P \circ [1] = \mathcal{F}(P)[1] = [\mathcal{F}(P)]$ であり，$\mathcal{F}(P) \in I$ と $P \in \overline{\mathcal{F}}(I)$ は同値．)

3.2 微分作用素環の包合基底

$y = (y_1, \ldots, y_m)$ をパラメータとする微分作用素とは，$a_\beta(x,y) \in K[x,y]$，$a_{\alpha\beta\gamma} \in K$ として

$$P = P(y) = \sum_{\beta \in \mathbb{N}^n} a_\beta(x,y)\partial^\beta = \sum_{\alpha,\beta \in \mathbb{N}^n} \sum_{\gamma \in \mathbb{N}^m} a_{\alpha\beta\gamma} x^\alpha y^\gamma \partial^\beta \qquad (3.3)$$

という形の有限和で表されるような式のことである．このような式の全体を $D_n[y]$ で表して，$y = (y_1, \ldots, y_m)$ をパラメータとする微分作用素環と呼ぶ．$D_n[y]$ の元 P は自然な線形写像 $P : K[x,y] \to K[x,y]$ を定義する．合成によって積を定義すれば，$D_n[y]$ は環となる．特に $m=0$ のときは $D_n[y] = D_n$，$n=0$ のときは $D_n[y] = K[y]$ である．(3.3) の全表象を

$$P(x,y,\xi) = \sum_{\beta \in \mathbb{N}^n} a_\beta(x,y)\xi^\beta \in K[x,y,\xi]$$

で定義する．$P, Q \in D_n[y]$ に対して $R = PQ$ とおくと，ライプニッツの公式

$$R(x,y,\xi) = \sum_{\nu \in \mathbb{N}^n} \frac{1}{\nu!} \frac{\partial^{|\nu|} P(x,y,\xi)}{\partial \xi^\nu} \frac{\partial^{|\nu|} Q(x,y,\xi)}{\partial x^\nu}$$

が成立する．これは命題 3.3 と同様に証明できる．または x と y についての微分作用素環 D_{n+m} において命題 3.3 を適用してもよい．$K[x,y]$ は自然な作用によって左 $D_n[y]$ 加群となる．

さて整数を成分とする $2n+m$ 次元ベクトル

$$w = (w_1, \ldots, w_n; w_{n+1}, \ldots, w_{2n}; w_{2n+1}, \ldots, w_{2n+m})$$

が $D_n[y]$ の重みベクトル (weight vector) とは，

$$w_i + w_{n+i} \geq 0 \quad (i = 1, \ldots, n)$$

が成立することとする．$\alpha, \beta \in \mathbb{N}^n$，$\gamma \in \mathbb{N}^m$ に対して

3.2 微分作用素環の包合基底

$$\langle w, (\alpha, \beta, \gamma)\rangle = \sum_{i=1}^{n}(w_i\alpha_i + w_{n+i}\beta_i) + \sum_{i=1}^{m} w_{2n+i}\gamma_i$$

と書こう. このとき (3.3) の $P \in D_n[y]$ に対して, その w 階数 (w-order) を

$$\mathrm{ord}_w(P) := \max\{\langle w, (\alpha, \beta, \gamma)\rangle \mid \alpha, \beta \in \mathbb{N}^n, \gamma \in \mathbb{N}^m, a_{\alpha\beta\gamma} \neq 0\}$$

で定義する. $P = 0$ のときは $\mathrm{ord}_w(P) = -\infty$ としておく. このとき, 任意の整数 k に対して

$$F_w^k(D_n[y]) := \{P \in D_n[y] \mid \mathrm{ord}_w(P) \leq k\}$$

とおく. $F_w^k(D_n[y])$ は $D_n[y]$ の部分ベクトル空間であり,

$$F_w^k(D_n[y]) \subset F_w^{k+1}(D_n[y]) \quad (\forall k \in \mathbb{Z}),$$
$$\bigcup_{k \in \mathbb{Z}} F_w^k(D_n[y]) = D_n[y], \quad \bigcap_{k \in \mathbb{Z}} F_w^k(D_n[y]) = \{0\}$$

を満たす. このような性質を持つ部分空間の族 $\{F_w^k(D_n[y])\}_{k\in\mathbb{Z}}$ は $D_n[y]$ のフィルター (filtration) と呼ばれる. このフィルターに関する次数環は抽象的には商ベクトル空間の直和

$$\mathrm{gr}_w(D_n[y]) := \bigoplus_{k \in \mathbb{Z}} F_w^k(D_n[y])/F_w^{k-1}(D_n[y])$$

で定義される環であるが, 具体的には次のように定義される環と理解すれば十分である.

定義 3.8. $x_1, \ldots, x_n$ を適当に並べ替えて, 重みベクトル $w \in \mathbb{N}^{2n+m}$ が, $0 \leq \ell \leq n$ として

$$\begin{cases} w_i + w_{n+i} = 0 & (1 \leq i \leq \ell) \\ w_i + w_{n+i} > 0 & (\ell+1 \leq i \leq n) \end{cases}$$

を満たしているとする. このとき, $D_n[y]$ のフィルター $\{F_w^k(D_n[y])\}_{k\in\mathbb{Z}}$ に関する**次数環** (graded ring) $\mathrm{gr}_w(D_n[y])$ を,

$$\mathrm{gr}_w(D_n[y]) := D_\ell[x_{\ell+1},\ldots,x_n,\xi_{\ell+1},\ldots,\xi_n,y]$$

で定義する．ここで D_ℓ は $x_1,\ldots,x_\ell$ についての微分作用素環を表す．特に $\ell = 0$ ならば $\mathrm{gr}_w(D_n[y]) = K[x,y,\xi]$, $\ell = n$ ならば $\mathrm{gr}_w(D_n[y]) = D_n[y]$ である．

定義 3.9. $D_n[y]$ の元

$$P = \sum_{\alpha,\beta \in \mathbb{N}^n} \sum_{\gamma \in \mathbb{N}^m} a_{\alpha\beta\gamma} x^\alpha y^\gamma \partial^\beta$$

を考え，$d := \mathrm{ord}_w(P)$ とおく．このとき $\mathrm{gr}_w(D_n[y])$ の元

$$\mathrm{in}_w(P) := \sum_{\langle w,(\alpha,\beta,\gamma)\rangle = d} a_{\alpha\beta\gamma} x^\alpha y^\gamma \xi_{\ell+1}^{\beta_{\ell+1}} \cdots \xi_n^{\beta_n} \partial_1^{\beta_1} \cdots \partial_\ell^{\beta_\ell}$$

を P の w に関する主部 (initial part) と呼ぶ．($\mathrm{in}_w(0) = 0$ とする．)

例 3.10. $n = 2$, $m = 0$, $P = x_1\partial_1^2 - x_1\partial_2^2 + 2\partial_1$ とすると，

$\mathrm{ord}_{(0,0,1,1)}(P) = 2$, $\quad \mathrm{in}_{(0,0,1,1)}(P) = x_1\xi_1^2 - x_1\xi_2^2 \in K[x_1,x_2,\xi_1,\xi_2]$
$\mathrm{ord}_{(-1,0,1,0)}(P) = 1$, $\quad \mathrm{in}_{(-1,0,1,0)}(P) = x_1\partial_1^2 + 2\partial_1 \in D_2$.

補題 3.11. 任意の $P, Q \in D_n[y]$ に対して，$\mathrm{ord}_w(PQ) = \mathrm{ord}_w(P) + \mathrm{ord}_w(Q)$ かつ $\mathrm{in}_w(P)\mathrm{in}_w(Q) = \mathrm{in}_w(PQ)$ が成立する．

証明: $d := \mathrm{ord}_w(P)$, $d' := \mathrm{ord}_w(Q)$ とおき，$P_j, Q_j \in D_n[y]$ を，その全表象が，w 階数がちょうど j であるような単項式の一次結合であるようなものとして

$$P = \sum_{j \le d} P_j, \quad Q = \sum_{j \le d'} Q_j$$

と分解しておこう．まず $w_i + w_{n+i} > 0$ $(i = 1,\ldots,n)$ の場合を考える．$\partial^{|\nu|} P_j(x,y,\xi)/\partial \xi^\nu$ を全表象とする作用素の w 階数は $j - \sum_{i=1}^n w_{n+i}\nu_i$ であり，$\partial^{|\nu|} Q_k(x,y,\xi)/\partial x^\nu$ を全表象とする作用素の w 階数は $k - \sum_{i=1}^n w_i\nu_i$

であるから，$(\partial^{|\nu|}P_j(x,y,\xi)/\partial\xi^\nu)(\partial^{|\nu|}Q_k(x,y,\xi)/\partial x^\nu)$ を全表象とする作用素の w 階数は

$$j+k-\sum_{i=1}^n (w_i+w_{n+i})\nu_i \leq j+k \leq d+d'$$

であり，等号は $j=d, k=d', \nu=0$ のときに限る．従って

$$\mathrm{in}_w(PQ) = P_d(x,y,\xi)Q_{d'}(x,y,\xi) = \mathrm{in}_w(P)\mathrm{in}_w(Q)$$

を得る．次に $w_i+w_{n+i}=0\ (i=1,\ldots,n)$ とすると，

$$\frac{\partial^{|\nu|}P_j(x,y,\xi)}{\partial\xi^\nu}\frac{\partial^{|\nu|}Q_k(x,y,\xi)}{\partial x^\nu}$$

を全表象とする作用素の w 階数は

$$j+k-\sum_{i=1}^n (w_i+w_{n+i})\nu_i = j+k \leq d+d'$$

であり，等号は $j=d, k=d'$ のときに限る．従って $\mathrm{in}_w(PQ)$ の全表象は

$$\sum_{\nu\in\mathbb{N}^n} \frac{1}{\nu!}\frac{\partial^{|\nu|}P_d(x,y,\xi)}{\partial\xi^\nu}\frac{\partial^{|\nu|}Q_{d'}(x,y,\xi)}{\partial x^\nu}$$

である．これは $D_n[y]$ における積 $P_d Q_{d'}$ の全表象と一致するから，$\mathrm{in}_w(PQ)=\mathrm{in}_w(P)\mathrm{in}_w(Q)$ が成立する．一般の重みベクトルの場合は変数ごとに上記の 2 つの場合の議論を適用すればよい．(証了)

命題 3.12. I を $D_n[y]$ の左イデアルとするとき，$\{\mathrm{in}_w(P)\mid P\in I\}$ で生成される $\mathrm{gr}_w(D_n[y])$ の部分空間 (つまり $\{\mathrm{in}_w(P)\mid P\in I\}$ の有限個の元の 1 次結合の全体) を $\mathrm{gr}_w(I)$ で表すと，$\mathrm{gr}_w(I)$ は $\mathrm{gr}_w(D_n[y])$ の左イデアルである．

証明: $P\in I$ と任意の $Q\in D_n[y]$ に対して $\mathrm{in}_w(Q)\mathrm{in}_w(P)=\mathrm{in}_w(QP)\in \mathrm{gr}_w(I)$ が成立することから従う．(証了)

$\overline{P}\in\mathrm{gr}_w(D_n[y])$ に対して，ある $P\in D_n[y]$ があって $\overline{P}=\mathrm{in}_w(P)$ である

とき，$\overline{P}$ を重み $\mathrm{ord}_w(P)$ の**斉次元** (せいじげん) ということにする．補題 3.11 によって，斉次元の積はまた斉次元である．$\overline{P} \in \mathrm{gr}_w(D_n[y])$ は一通りに有限和

$$\overline{P} = \sum_{j \in \mathbb{Z}} \overline{P}_j \qquad (\overline{P}_j \text{ は重み } j \text{ の斉次元})$$

で表される．$\mathrm{gr}_w(I)$ は斉次元で生成されるから，このとき

$$\overline{P} \in \mathrm{gr}_w(I) \iff \overline{P}_j \in \mathrm{gr}_w(I) \quad (\forall j \in \mathbb{Z})$$

が成立する．$\overline{P}_j$ を $\overline{P}$ の重み j の斉次成分と呼ぶ．

定義 3.13 (包合基底) I を $D_n[y]$ の左イデアルとする．I の有限部分集合 $G = \{P_1, \ldots, P_r\}$ が I の w **包合基底** (w-involutive base)，または w に関する包合基底とは，
 (1) G は I を生成する．
 (2) $\mathrm{in}_w(G) := \{\mathrm{in}_w(P_1), \ldots, \mathrm{in}_w(P_r)\}$ は左イデアル $\mathrm{gr}_w(I)$ を生成する．
の 2 つの条件を満たすことと定義する．

命題 3.14. 重みベクトル w の各成分は非負とする．
 (1) 定義 3.13 の (1) は，$G \subset I$ と定義 3.13 の (2) から従う．
 (2) $G = \{P_1, \ldots, P_r\}$ が I の w 包合基底ならば，任意の $P \in I$ に対して

$$P = Q_1 P_1 + \cdots + Q_r P_r, \qquad \mathrm{ord}_w(Q_i P_i) \leq \mathrm{ord}_w(P) \quad (i = 1, \ldots, r)$$

を満たす $Q_1, \ldots, Q_r \in D_n[y]$ が存在する．

証明: (1) 0 でない任意の $P \in I$ に対して，$\mathrm{in}_w(P) \in \mathrm{gr}_w(I)$ だから重み $\mathrm{ord}_w(P)$ の斉次成分に着目すれば，$\mathrm{ord}_w(Q_i P_i) = \mathrm{ord}_w(P)$ (または $Q_i = 0$) かつ

$$\mathrm{in}_w(P) = \mathrm{in}_w(Q_1)\mathrm{in}_w(P_1) + \cdots + \mathrm{in}_w(Q_r)\mathrm{in}_w(P_r)$$

が成り立つような $Q_1, \ldots, Q_r \in D_n$ をとれる．このとき

3.2 微分作用素環の包合基底

$$P' := P - (Q_1 P_1 + \cdots + Q_r P_r)$$

とおけば，$P' \in I$ かつ $\mathrm{ord}_w(P') < \mathrm{ord}_w(P)$ である．0 でない作用素の w 階数は非負整数であるから，P' に対して上記の議論を適用すれば，w 階数に関する帰納法で P が $D_n P_1 + \cdots + D_n P_r$ に属することが示される．

(2) これも $\mathrm{ord}_w(P)$ に関する帰納法で示そう．$P, Q_1, \ldots, Q_r, P'$ を上と同じくとれば，帰納法の仮定によって

$$P' = Q'_1 P_1 + \cdots + Q'_r P_r, \qquad \mathrm{ord}_w(Q'_i P_i) \leq \mathrm{ord}_w(P') \quad (i = 1, \ldots, r)$$

を満たす $Q'_1, \ldots, Q'_r$ が存在する．このとき

$$P = (Q_1 + Q'_1) P_1 + \cdots + (Q_r + Q'_r) P_r, \qquad \mathrm{ord}((Q_i + Q'_i) P_i) \leq \mathrm{ord}_w(P)$$

であるから結論が示された．(証了)

実は命題 3.14 の (2) は，任意の重みベクトル w に対して成立することが知られている (文献 [OT2] の定理 10.6) が，後での応用上は，もっと弱く次の事実を示しておけば十分である．

命題 3.15. w を任意の重みベクトルとして，$G = \{P_1, \ldots, P_r\}$ が $D_n[y]$ の左イデアル I の w 包合基底とすると，任意の $P \in I$ と任意の整数 k に対して

$$P = Q_1 P_1 + \cdots + Q_r P_r + R, \qquad \mathrm{ord}_w(Q_i P_i) \leq \mathrm{ord}_w(P) \quad (i = 1, \ldots, r)$$

かつ $\mathrm{ord}_w(R) \leq k$ を満たす $Q_1, \ldots, Q_r, R \in D_n[y]$ が存在する．

証明: $k_1 := \mathrm{ord}_w(P)$ とする．$k_1 \leq k$ ならば $Q_1 = \cdots = Q_r = 0, R := P$ とすればよい．$k_1 > k$ のときは，命題 3.14 の (1) の証明と同じく $Q_1, \ldots, Q_r$ と P' をとれば，$\mathrm{ord}_w(P') < k_1$ である．よって命題 3.14 の証明と同様に，$\mathrm{ord}_w(P) \geq k$ に関する帰納法 (k は固定しておく) によって命題の主張が示される．(証了)

例 3.16. $e = (1, \ldots, 1) \in \mathbb{N}^n$ として，D_n の重みベクトル $w = (0, e) \in \mathbb{N}^{2n}$

をとる．$P \in D_n$ に対して $\mathrm{in}_{(0,e)}(P)$ は P の**主表象** (principal symbol) と呼ばれ，通常 $\sigma(P)$ で表される．$(0,e)$ 包含基底は単に包合基底と呼ばれる．本書ではこの用語を一般の重みベクトルの場合にも拡大解釈して用いている．D_n の左イデアル I に対して集合

$$\mathrm{Ch}(D_n/I) := \{(x,\xi) \in K^{2n} \mid \mathrm{in}_{(0,e)}(P)(x,\xi) = 0 \quad (\forall P \in I)\}$$

は左 D_n 加群 D_n/I の**特性多様体**と呼ばれる．G が I の $(0,e)$ 包合基底であれば，定義より

$$\mathrm{Ch}(D_n/I) = \{(x,\xi) \in K^{2n} \mid \mathrm{in}_{(0,e)}(P)(x,\xi) = 0 \quad (\forall P \in G)\}$$

が成立することがわかる．

例 3.17. $I = D_n\partial_1 + \cdots + D_n\partial_n$ として，w を D_n に対する任意の重みベクトルとすると，$G := \{\partial_1, \ldots, \partial_n\}$ は I の w 包合基底である．実際 G は I を生成するから，$\mathrm{in}_w(G)$ が $\mathrm{gr}_w(I)$ を生成することを示せばよい．$P \in I$ とすると

$$P = \sum_{|\alpha| \geq 1} a_\alpha(x) \partial^\alpha$$

と書ける．そこで，$\alpha_1 \geq 1$ を満たすような $\alpha = (\alpha_1, \ldots, \alpha_n) \in \mathbb{N}^n$ に関する $a_\alpha \partial_1^{\alpha_1-1} \partial_2^{\alpha_2} \cdots \partial_n^{\alpha_n}$ の和を Q_1 とおく．次に $i = 2, \ldots, n$ に対して，$\alpha_1 = \cdots = \alpha_{i-1} = 0$ かつ $\alpha_i \geq 1$ を満たすような α に関する $a_\alpha \partial_i^{\alpha_i-1} \partial_{i+1}^{\alpha_{i+1}} \cdots \partial_n^{\alpha_n}$ の和を Q_i とおけば，定義から

$$P = Q_1 \partial_1 + \cdots + Q_n \partial_n$$

であり，$Q_i \partial_i$ に現れる単項式は P の単項式である．従って 各 $i = 1, \ldots, n$ に対して $\mathrm{ord}_w(Q_i \partial_i) \leq \mathrm{ord}_w(P)$ かつ

$$\mathrm{in}_w(P) = \sum_{\mathrm{ord}_w(Q_i\partial_i)=\mathrm{ord}_w(P)} \mathrm{in}_w(Q_i\partial_i) = \sum_{\mathrm{ord}_w(Q_i\partial_i)=\mathrm{ord}_w(P)} \mathrm{in}_w(Q_i)\mathrm{in}_w(\partial_i)$$

が成立する．よって $\mathrm{gr}_w(I)$ は $\mathrm{in}_w(G) = \{\mathrm{in}_w(\partial_1), \ldots, \mathrm{in}_w(\partial_n)\}$ で生成される．

例 3.18. $n=2$ として，$P_1 := \partial_1, P_2 := \partial_1^2 - \partial_2$ とおく．$\partial_2 = \partial_1 P_1 - P_2$ であるから，$\{P_1, P_2\}$ は $I := D_2 \partial_1 + D_2 \partial_2$ の生成系である．$w := (0,0;1,1)$ とすると，前の例から $\mathrm{gr}_w(I) = K[x,\xi]\xi_1 + K[x,\xi]\xi_2$ であるが，$\mathrm{in}_w(P_1) = \xi_1$，$\mathrm{in}_w(P_2) = \xi_1^2$ であるから，$\{P_1, P_2\}$ は I の w 包合基底ではない．一方 $w := (0,0;1,3)$ とすると，$\mathrm{in}_w(P_1) = \xi_1, \mathrm{in}_w(P_2) = -\xi_2$ であるから，$\{P_1, P_2\}$ は I の w 包合基底である．

次章以降で述べる D 加群のアルゴリズムのほとんどは，与えられたイデアルに対して適当な重みベクトルに対する包合基底を求めることに帰着する．次の命題はその典型例としての**消去法**の原理である．

命題 3.19. I を $D_n[y]$ の左イデアルとする．変数の集合

$$\{x_1, \ldots, x_n, \partial_1, \ldots, \partial_n, y_1, \ldots, y_m\}$$

の部分集合を X，その補集合を Y とする．重みベクトル $w \in \mathbb{N}^{2n+m}$ を，X に属する変数に対応する成分は 0，Y に属する変数に対応する成分は正であるように選ぶ．X に属する変数のみを含むような $D_n[y]$ の元の全体 R_X は $D_n[y]$ の部分環である．このとき G を I の w 包合基底とすると，R_X の左イデアル $I \cap R_X$ は $G \cap R_X$ で生成される．

証明：重みベクトル w の定義から，$P \in D_n[y]$ に対して，$P \in R_X$ と $\mathrm{ord}_w(P) \leq 0$ は同値である．$G = \{P_1, \ldots, P_r\}$ とする．$P \in I \cap R_X$ ならば命題 3.14 の (2) の条件を満たす $Q_1, \ldots, Q_r$ が存在する．このとき $\mathrm{ord}_w(Q_i) + \mathrm{ord}_w(P_i) \leq \mathrm{ord}_w(P) = 0$ であるから，$Q_i P_i \neq 0$ ならば $\mathrm{ord}_w(P_i) = \mathrm{ord}_w(Q_i) = 0$，すなわち $Q_i, P_i \in R_X$ でなければならない．これは P が $G \cap R_X$ の生成する R_X の左イデアルに属することを意味する．(証了)

重みベクトルが特別な場合には，多項式環の場合のように斉次性を定義することができる．

定義 3.20. $D_n[y]$ に対する重みベクトル $w \in \mathbb{Z}^{2n+m}$ が, $w_i + w_{n+i} = 0$ $(i = 1, \ldots, n)$ を満たすとする. このとき $D_n[y]$ の元 (3.3) が w に関して重み k の斉次元 (homogeneous element) とは, $\mathrm{ord}_w(P) = k$ かつ $\mathrm{in}_w(P) = P$, すなわち $\langle w, (\alpha, \beta, \gamma) \rangle \neq k$ のとき $a_{\alpha\beta\gamma} = 0$ であることと定義する.

命題 3.21. 上記の定義と同じ仮定のもとで, $P \in D_n[y]$ が w に関して重み k の斉次元, $Q \in D_n[y]$ が w に関して重み ℓ の斉次元とすると, PQ は w に関して重み $k + \ell$ の斉次元である.

証明: この場合 $\mathrm{gr}_w(D_n[y]) = D_n[y]$ であり, $P \in D_n[y]$ が斉次であるための必要十分条件は $\mathrm{in}_w(P) = P$ であるから, 補題 3.11 より結論が従う. (証了)

問題 3.2. M を $K[x, y]$ 加群とする. 各 $i = 1, \ldots, n$ に対して K 線形写像

$$\partial_i : M \ni u \longmapsto \partial_i u \in M$$

が定義されているとする. このとき $P = \sum_{\alpha \in \mathbb{N}^n} a_\alpha(x, y) \partial^\alpha \in D_n[y]$ $(a_\alpha \in K[x, y])$ の $u \in M$ への作用を

$$Pu = \sum_{\alpha \in \mathbb{N}^n} a_\alpha(x, y) \partial_1^{\alpha_1} \cdots \partial_n^{\alpha_n} u$$

で定義する. この作用によって M が左 $D_n[y]$ 加群となるための必要十分条件は, 任意の $u \in M$ に対して

$$\begin{cases} \partial_i(x_j u) - x_j(\partial_i u) = \delta_{ij} u \\ \partial_i(\partial_j u) - \partial_j(\partial_i u) = 0, \qquad (i, j = 1, \ldots, n, \ k = 1, \ldots, m) \\ \partial_i(y_k u) - y_k(\partial_i u) = 0 \end{cases}$$

が成立することであることを示せ.

問題 3.3. $w = (w_1, \ldots, w_n; w_{n+1}, \ldots, w_{2n}; w_{2n+1}, \ldots, w_{2n+m})$ を $D_n[y]$ の重みベクトルとして,

$$\hat{w} = (w_{n+1}, \ldots, w_{2n}; w_1, \ldots, w_n; w_{2n+1}, \ldots, w_{2n+m})$$

とおく．

(1) $P \in D_n$ に対して $\text{in}_{\hat{w}}(\mathcal{F}(P)) = \mathcal{F}(\text{in}_w(P))$ を示せ．

(2) I を D_n の左イデアル，G を I の w 包合基底とすると，$\mathcal{F}(G) := \{\mathcal{F}(P) \mid P \in G\}$ は $\mathcal{F}(I)$ の $\hat{w}$ 包合基底であることを示せ．

3.3 微分作用素環のグレブナー基底

$K[x, y, \xi]$ の単項式全体の集合

$$M(x, y, \xi) := \{x^\alpha y^\gamma \xi^\beta \mid \alpha, \beta \in \mathbb{N}^n, \gamma \in \mathbb{N}^m\}$$

の上の全順序 $\prec$ を考えよう．すなわち，$\prec$ は $u, v, w \in M(x, y, \xi)$ に対して

(1) $u \prec v$ または $v \prec u$ または $u = v$ のどれか 1 つのみが成立する，

(2) $u \prec v$ かつ $v \prec w$ ならば $u \prec w$

の 2 つの条件を満たすような $M(x, y, \xi)$ における関係である．$u \preceq v$ とは，$u \prec v$ または $u = v$ を意味するものとする．全順序 $\prec$ が $D_n[y]$ の**単項式順序** (monomial order) とは

(M-1) $u \prec v$ ならば，すべての $w \in M(x, y, \xi)$ に対して $uw \prec vw$，

(M-2) $1 \prec x_i \xi_i \quad (i = 1, \ldots, n)$

が成り立つことと定義する ($n = 0$ のときは (M-2) は不要)．単項式順序 $\prec$ が**項順序** (term order) とは，(M-2) より強く

(M-3) すべての $u \in M(x, y, \xi)$ について $1 \preceq u$

が成り立つことと定義する．

例 3.22. $z = (z_1, \ldots, z_{2n+m})$ を変数 x, y, ξ を任意の順序で並べたものとする．このとき**辞書式順序** (lexicographic order) $\prec_L$ を，$\beta_1 - \alpha_1, \ldots, \beta_{2n+m} - \alpha_{2n+m}$ のうち 0 でない最初のものが正であるとき

$$z_1^{\alpha_1} \cdots z_{2n+m}^{\alpha_{2n+m}} \prec_L z_1^{\beta_1} \cdots z_{2n+m}^{\beta_{2n+m}}$$

として定義する．$\prec_L$ は項順序である．次に w を任意の重みベクトル，$\prec$ を任意の単項式順序として，

$$\langle w, (\alpha, \beta, \gamma)\rangle < \langle w, (\alpha', \beta', \gamma')\rangle \text{ または}$$
$$\langle w, (\alpha, \beta, \gamma)\rangle = \langle w, (\alpha', \beta', \gamma')\rangle \text{ かつ } x^\alpha y^\gamma \xi^\beta \prec x^{\alpha'} y^{\gamma'} \xi^{\beta'}$$

が成立するとき $x^\alpha y^\gamma \xi^\beta \prec_w x^{\alpha'} y^{\gamma'} \xi^{\beta'}$ と定義する．特に $w=(1,\ldots,1)$ で $\prec$ を辞書式順序としたとき，$\prec_w$ を**全次数辞書式順序**，$\prec$ を辞書式順序の逆の順序としたとき $\prec_w$ を**全次数逆辞書式順序**という．

定義 3.23. $\prec$ を $D_n[y]$ の単項式順序とする．0 でない $D_n[y]$ の元を

$$P = \sum_{\alpha, \beta \in \mathbb{N}^n} \sum_{\gamma \in \mathbb{N}^m} a_{\alpha\beta\gamma} x^\alpha y^\gamma \partial^\beta \quad (a_{\alpha\beta\gamma} \in K)$$

と表すとき，P の $\prec$ に関する**主単項式** (leading monomial) を

$$\mathrm{LM}_\prec(P) := \max{}_\prec \{x^\alpha y^\gamma \xi^\beta \mid a_{\alpha\beta\gamma} \neq 0\} \in K[x,y,\xi]$$

で定義する．ここで $\max_\prec$ は全順序 $\prec$ に関する最大元を表す．すなわち，$\mathrm{LM}_\prec(P)$ は P の全表象 $P(x,y,\xi)$ に現れる単項式のうち順序 $\prec$ に関して最大のものである．また $\mathrm{LM}_\prec(P) = x^\alpha y^\gamma \xi^\beta$ のとき $a_{\alpha\beta\gamma}$ のことを P の**主係数** (leading coefficient) と呼び $\mathrm{LC}_\prec(P)$ で表す．また，$\mathrm{LC}_\prec(P)\mathrm{LM}_\prec(P)$ を全表象とする $D_n[y]$ の元を，P の $\prec$ に関する**主項** (leading term) と呼び $\mathrm{LT}_\prec(P)$ で表す．

補題 3.24. P, Q を $D_n[y]$ の 0 でない元，$\prec$ を $D_n[y]$ の単項式順序とすると，多項式環 $K[x,y,\xi]$ において $\mathrm{LM}_\prec(PQ) = \mathrm{LM}_\prec(P)\mathrm{LM}_\prec(Q)$ かつ $\mathrm{LC}_\prec(PQ) = \mathrm{LC}_\prec(P)\mathrm{LC}_\prec(Q)$ が成立する．

証明: まず P, Q が単項式の場合を考察しよう．$a, b \neq 0$ として，

$$P = ax^\alpha y^\gamma \partial^\beta, \quad Q = bx^{\alpha'} y^{\gamma'} \partial^{\beta'}$$

とおこう．ライプニッツの公式によって，適当な定数 c_ν によって

$$PQ = abx^{\alpha+\alpha'}y^{\gamma+\gamma'}\partial^{\beta+\beta'} + \sum_{|\nu|\geq 1} c_\nu x^{\alpha+\alpha'-\nu}y^{\gamma+\gamma'}\partial^{\beta+\beta'-\nu}$$

と書けることがわかる．ここで単項式順序の条件 (M-1) と (M-2) から，$|\gamma| \geq 1$ のとき，

$$x^{\alpha+\alpha'-\nu}y^{\gamma+\gamma'}\xi^{\beta+\beta'-\nu} \prec x^{\alpha+\alpha'}y^{\gamma+\gamma'}\xi^{\beta+\beta'} = \text{LM}_\prec(P)\text{LM}_\prec(Q)$$

が成立するから，$\text{LM}_\prec(PQ) = \text{LM}_\prec(P)\text{LM}_\prec(Q)$ かつ $\text{LC}_\prec(PQ) = \text{LC}_\prec(P)\text{LC}_\prec(Q)$ を得る．

次に一般の場合を考察しよう．

$$P = ax^\alpha y^\gamma \partial^\beta + P', \quad Q = bx^{\alpha'}y^{\gamma'}\partial^{\beta'} + Q'$$

かつ $\text{LM}_\prec(P') \prec \text{LM}_\prec(P)$, $\text{LM}_\prec(Q') \prec \text{LM}_\prec(Q)$ とすると，

$$PQ = abx^\alpha y^\gamma \partial^\beta x^{\alpha'}y^{\gamma'}\partial^{\beta'} + ax^\alpha y^\gamma \partial^\beta Q' + bP' \cdot x^{\alpha'}y^{\gamma'}\partial^{\alpha'} + P'Q'$$

であり，(M-1) からこの第 2 項以降の全表象に現れる単項式は $\prec$ に関して $\text{LM}_\prec(P)\text{LM}_\prec(Q)$ よりも小さいことがわかる．よって第 1 項に前半の議論を適用して結論を得る．(証了)

多項式環 $K[x,y,\xi]$ のイデアルであって，有限個または無限個の単項式で生成されるものを**単項式イデアル** (monomial ideal) と呼ぶ．単項式 u が単項式 v の倍数であることを $v|u$ と書く．このとき商 u/v も単項式である．

補題 3.25. I を $K[x,y,\xi]$ の単項式イデアルとする．

(1) $f \in K[x,y,\xi]$ とすると，$f \in I$ であるための必要十分条件は，f のすべての単項式が I に属することである．

(2) G を単項式からなる I の生成系とすると，単項式 u が I に属するための必要十分条件は，u が G のある元の倍数であることである．

証明: n 変数多項式環 $K[x]$ について示せば十分である．単項式からなる I の生成系を G とする．$f \in I$ とすると，G の元 $x^{\alpha^{(1)}}, \ldots, x^{\alpha^{(k)}}$ と多項式 $q_1, \ldots, q_k$

があって
$$f = q_1 x^{\alpha^{(1)}} + \cdots + q_k x^{\alpha^{(k)}}$$
と書ける．$q_1, \ldots, q_k$ を単項式の 1 次結合に分解して両辺の同類項に着目すれば，f に現れる各単項式が I に属することがわかる．これで (1) が示された．特に $f = x^\alpha$ の場合は同じ理由で，f はある $x^{\alpha^{(i)}}$ の倍数であることがわかる．(証了)

命題 3.26. I を $D_n[y]$ の左イデアル，$\prec$ を $D_n[y]$ の単項式順序とする．$\{\mathrm{LM}_\prec(P) \mid P \in I \setminus \{0\}\}$ の生成する $K[x, y, \xi]$ の部分空間 $\langle \mathrm{LM}_\prec(I) \rangle$ は単項式イデアルである．

証明: $P \in I$, $Q \in D_n[y]$ とすると補題 3.24 により，$\mathrm{LM}_\prec(Q)\mathrm{LM}_\prec(P) = \mathrm{LM}_\prec(QP) \in \langle \mathrm{LM}_\prec(I) \rangle$ であるから，$\langle \mathrm{LM}_\prec(I) \rangle$ は $K[x, y, \xi]$ のイデアルである．単項式イデアルであることは定義から明らか．(証了)

定義 3.27 (グレブナー基底) I を $D_n[y]$ の左イデアル，G を $I \setminus \{0\}$ の有限部分集合，$\prec$ を $D_n[y]$ の単項式順序とする．このとき G が $\prec$ に関する I のグレブナー基底 (Gröbner base) とは，
 (1) G は左イデアル I の生成系である，
 (2) $\mathrm{LM}_\prec(G) := \{\mathrm{LM}_\prec(P) \mid P \in G\}$ は単項式イデアル $\langle \mathrm{LM}_\prec(I) \rangle$ の生成系である

の 2 つの条件を満たすことである．さらに $\mathrm{LM}_\prec(G)$ が $\langle \mathrm{LM}_\prec(I) \rangle$ の極小な生成系，すなわち，G' が G の真部分集合ならば $\mathrm{LM}_\prec(G')$ は $\langle \mathrm{LM}_\prec(I) \rangle$ の生成系とはならないとき，G を I の**極小グレブナー基底** (minimal Gröbner base) と呼ぶ．

例 3.28. $I = D_n \partial_1 + \cdots + D_n \partial_n$ として，$\prec$ を D_n の任意の単項式順序とすると，$G := \{\partial_1, \ldots, \partial_n\}$ は I の $\prec$ に関する極小グレブナー基底である．実際 I の 0 でない任意の元 P に対して，$\mathrm{LM}_\prec(P)$ は $\xi_1, \ldots, \xi_n$ のどれかで割り切れる．

グレブナー基底の理論では次の補題が随所で基本的な役割を演じる.

補題 3.29 (Dickson の補題) (1) $K[x, y, \xi]$ の任意の単項式イデアルは有限生成である.

(2) $I_1, I_2, \ldots$ を $K[x, y, \xi]$ の単項式イデアルの増大列, すなわち $I_1 \subset I_2 \subset \cdots$ を満たすものとすると, ある自然数 r があって, $i \geq r$ ならば $I_i = I_r$ が成立する.

証明: n 変数多項式環 $K[x]$ について示せば十分である. n に関する帰納法を用いる. まず $n = 1$ とする. I に属する単項式のうち次数が最小のものを x^i とする. $j \geq i$ ならば $x^j = x^{j-i} x^i \in I$ である. 逆に $x^j \in I$ とすると i の定義から $j \geq i$ でなければならない. 従って I はひとつの元 x^i で生成されることがわかった. $I_1 \subset I_2 \subset \cdots$ を $K[x]$ の単項式イデアルの増大列とすると, 各 I_j はある $k_j \in \mathbb{N}$ によって x^{k_j} で生成されるが, 増大列の条件から $k_1 \geq k_2 \geq \cdots \geq 0$ であるから, ある r があって $k_r = k_{r+1} = \cdots$ となる.

次に $n > 1$ のときを考える. 各 $j \in \mathbb{N}$ に対して

$$\{x_1^{\alpha_1} \cdots x_{n-1}^{\alpha_{n-1}} \mid x_1^{\alpha_1} \cdots x_{n-1}^{\alpha_{n-1}} x_n^j \in I\}$$

で生成される $K[x_1, \ldots, x_{n-1}]$ の単項式イデアルを I'_j とおく. 帰納法の仮定 (1) によって I'_j は有限個の単項式の集合 G'_j で生成される. 一方 I'_j は増大列だから帰納法の仮定 (2) によって, ある $r \in \mathbb{N}$ が存在して, $j \geq r$ のとき $I'_j = I'_r$ が成立する. よって $j \geq r$ のときは $G'_j = G'_r$ としてよい. このとき I は

$$G := \bigcup_{j=0}^{r} \{u' x_n^j \mid u' \in G'_j\}$$

で生成されることを示そう. G の元が I に属することは定義から従う. 単項式 x^α が I に属するとして $\alpha = (\alpha_1, \ldots, \alpha_n)$ と書こう. $\alpha_n \leq r$ ならば $x_1^{\alpha_1} \cdots x_{n-1}^{\alpha_{n-1}} \in I'_{\alpha_n}$ であるから, $x_1^{\alpha_1} \cdots x_{n-1}^{\alpha_{n-1}}$ は G'_{α_n} の生成するイデアルに含まれる. よって x^α は G の生成するイデアルに含まれる. $\alpha_n > r$ のときは同様にして $x_1^{\alpha_1} \cdots x_{n-1}^{\alpha_{n-1}}$ は $G'_{\alpha_n} = G'_r$ の生成するイデアルに属することがわ

かるから，$x^\alpha = x_n^{\alpha_n - r} \cdot x_1^{\alpha_1} \cdots x_{n-1}^{\alpha_{n-1}} x_n^r$ は G の生成するイデアルに属する．これで (1) が示された．

(2) を示すために $I_1 \subset I_2 \subset \cdots$ を $K[x]$ の単項式イデアルの増大列とする．このとき $I := \bigcup_{j \geq 1} I_j$ も $K[x]$ の単項式イデアルであるから，有限個の単項式からなる生成系 $\{u_1, \ldots, u_k\}$ を持つ．このとき各 u_i はある I_{r_i} に属するから，$r := \max\{r_1, \ldots, r_k\}$ とおけば $I_r = I$ が成立する．従って $j \geq r$ のとき $I_j = I = I_r$ である．(証了)

補題 3.30. $\prec$ を $D_n[y]$ の項順序とする．$u, v \in M(x, y, \xi)$ かつ $v|u$ ならば $v \preceq u$ である．

証明: $u = vv'$ をみたす単項式 v' がある．条件 (M-3) から $1 \preceq v'$ であり，これと条件 (M-1) を用いて $v \preceq vv' = u$ を得る．(証了)

命題 3.31. $\prec$ を $D_n[y]$ の項順序とすると，$M(x, y, \xi)$ の任意の部分集合は $\prec$ に関して最小元を持つ．(このとき $\prec$ は整列順序または線形順序と呼ばれる．)

証明: L を $M(x, y, \xi)$ の任意の部分集合として，I を L で生成される $K[x, y, \xi]$ の単項式イデアルとする．Dickson の補題により，I は $M(x, y, \xi)$ の有限部分集合 G で生成される．$\prec$ に関する有限集合 G の最小元を u_0 とする．まず $u_0 \in L$ を示そう．$u_0 \in I$ だから，ある $u \in L$ があって $u|u_0$ となる．さらに $u \in I$ よりある $v \in G$ があって $v|u$ となる．このとき上の補題から $v \preceq u \preceq u_0$ となるが，u_0 は G の最小元だから $u_0 = v = u \in L$ である．
次に u_0 が L の最小元であることを示す．$u \in L$ とすると，ある $v \in G$ で $v|u$ であるものが存在する．このとき $u_0 \preceq v \preceq u$ である．(証了)

命題 3.32 (割算) $\prec$ を $D_n[y]$ の項順序，$G = \{P_1, \ldots, P_r\}$ を $D_n[y] \setminus \{0\}$ の有限部分集合とする．$P \in D_n[y]$ に対して

(1) $P = Q_1 P_1 + \cdots + Q_r P_r + R$,

(2) $Q_i \neq 0$ ならば $\mathrm{LM}_\prec(Q_i P_i) \preceq \mathrm{LM}_\prec(P)$,

(3) $R \neq 0$ ならば，$\mathrm{LM}_{\prec}(R)$ は $\mathrm{LM}_{\prec}(G)$ の生成する単項式イデアルに含まれない

という条件を満たすような $Q_1,\ldots,Q_r, R \in D_n[y]$ が存在する．このとき R を，P を $\prec$ に関して G で割算したときの**余り**，または P の G と $\prec$ に関する**簡約形**という．ただし，一般には R は P から一意的には定まらない．

証明: $P = 0$，または $\mathrm{LM}_{\prec}(P)$ が $\mathrm{LM}_{\prec}(G)$ に含まれなければ，$Q_1 = \cdots = Q_r = 0, R = P$ とすればよい．そこで $\mathrm{LM}_{\prec}(P)$ が $\mathrm{LM}_{\prec}(G)$ に含まれるとすると，$\mathrm{LM}_{\prec}(P)$ はある $i(0) \in \{1,\ldots,r\}$ について $\mathrm{LM}_{\prec}(P_{i(0)})$ の倍数である．$D_n[y]$ の元 $Q_{i(0)}^{(0)}$ を全表象が

$$Q_{i(0)}^{(0)}(x,y,\xi) = \frac{\mathrm{LC}_{\prec}(P)}{\mathrm{LC}_{\prec}(P_{i(0)})} \frac{\mathrm{LM}_{\prec}(P)}{\mathrm{LM}_{\prec}(P_{i(0)})}$$

となるようにとって，$P^{(0)} := P - Q_{i(0)}^{(0)} P_{i(0)}$ とおく．$P^{(0)} \neq 0$ ならば，$\mathrm{LM}_{\prec}(P^{(0)}) \prec \mathrm{LM}_{\prec}(P)$ が成り立つ．以下同様にして $k = 1, 2, 3, \ldots$ に対して，$P^{(k)} \neq 0$ で $\mathrm{LM}_{\prec}(P^{(k)})$ が $\mathrm{LM}_{\prec}(G)$ に属せば，ある $i(k) \in \{1,\ldots,r\}$ について

$$P^{(k+1)} := P^{(k)} - Q_{i(k)}^{(k)} P_{i(k)}, \qquad \mathrm{LM}_{\prec}(P^{(k+1)}) \prec \mathrm{LM}_{\prec}(P^{(k)})$$

を満たすような $Q_{i(k)}^{(k)} \in D_n[y]$ で，全表象が単項式の定数倍であるようなものを取れる．この操作が終了しないと仮定すると $\prec$ が整列順序であることに反するから，ある ℓ があって $P^{(\ell)} = 0$ であるか，または $\mathrm{LM}_{\prec}(P^{(\ell)})$ が $\mathrm{LM}_{\prec}(G)$ に属さない．このとき

$$Q_j := \sum_{0 \leq k \leq \ell-1,\, i(k)=j} Q_j^{(k)}, \qquad R := P^{(\ell)}$$

とおけば命題の主張が成り立つことがわかる．(証了)

命題 3.32 において，条件 (3) を強めて，$R(x,\xi)$ に現れるどの単項式も $\mathrm{LM}_{\prec}(G)$ の生成する単項式イデアルには含まれないようにすることもできる．この場合の R を，P を G で割った余りと定義することも多い．

命題 3.33. $\prec$ を $D_n[y]$ の項順序,I を $D_n[y]$ の左イデアルとする.G が I の有限部分集合であって,$\langle \mathrm{LM}_\prec(I) \rangle$ が $\mathrm{LM}_\prec(G)$ で生成されるとすると,G は I の $\prec$ に関するグレブナー基底である.

証明: G が I の生成系であることを示せばよい.$P \in I$ として命題 3.32 の $Q_1, \ldots, Q_r, R$ をとる.このとき $R \in I$ であるから,$R \neq 0$ ならば $\mathrm{LM}_\prec(R)$ は $\mathrm{LM}_\prec(G)$ の生成する単項式イデアル $\langle \mathrm{LM}_\prec(I) \rangle$ に属する.これは R のとり方に反するから $R = 0$ でなければならない.よって P は G の生成する左イデアルに属する.(証了)

補題 3.34. $K[x, y, \xi]$ の単項式イデアル I の単項式からなる生成系のうちで包含関係に関して最小のもの G_0 が存在する.すなわち G を単項式からなる I の任意の生成系とすると $G_0 \subset G$ となる (図 3.1).

証明: $K[x]$ について証明すればよい.
$$G_0 := \{u \in M(x) \cap I \mid v \neq u \text{ かつ } v|u \text{ を満たす}$$
$$v \in M(x) \cap I \text{ は存在しない}\}$$

とおく.u を I に属する単項式とする.もし $v|u$ かつ $v \neq u$ を満たす単項式 $v \in I$ が存在しなければ $u \in G_0$ である.もしそのような $v = v_1 \in I$ が存在すれば,$u = v_1$ に対して上記の議論を繰り返して,u の約数 $v_r \in I$ であって,v_r の約数で I に属するものは自分自身しかないものがとれる.このとき $v_r \in G_0$ だから,G_0 は I を生成することがわかる.

G を単項式からなる I の生成系とする.$G_0 \subset G$ を示そう.$u_0 \in G_0$ とすると,$u_0 \in I$ だから u_0 の約数 u で G に属するものがとれる.$u \in I$ だから前半の議論から,u の約数 v で G_0 に属するものがとれる.すると v は u_0 の約数であるから,$u_0 = v = u \in G$ でなければならない.(証了)

命題 3.35. $D_n[y]$ の任意の左イデアル I と $D_n[y]$ の任意の項順序 $\prec$ に対して,I の $\prec$ に関する極小グレブナー基底 G は存在し,$\mathrm{LM}_\prec(G) = \{\mathrm{LM}_\prec(P) \mid$

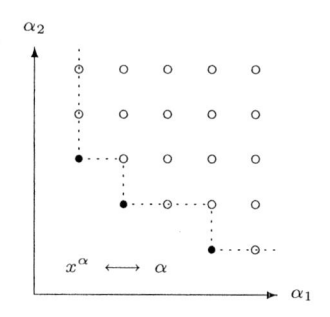

図 3.1　$K[x_1, x_2]$ の単項式イデアルの最小の生成系 G_0 (● の単項式)

$P \in G\}$ は I から一意的に定まる.

証明: $K[x, y, \xi]$ の単項式イデアル $\langle \mathrm{LM}_\prec(I) \rangle$ の生成系のうち最小のものを G_0 とする. すると G_0 の各元 u に対して $\mathrm{LM}_\prec(P) = u$ を満たす $P \in I$ が存在する. 各 $u \in G_0$ に対してこのような P を一つ選んでできる集合を G とすれば, 命題 3.33 によって G は I の極小グレブナー基底である. (証了)

系 3.36. I を $D_n[y]$ の左イデアルとすると, 有限個の元からなる I の生成系が存在する.

証明: $\prec$ を $D_n[y]$ の任意の項順序として上の命題を適用すればよい. (証了)

命題 3.37. I を $D_n[y]$ の左イデアル, $\prec$ を単項式順序とすると, I の $\prec$ に関するグレブナー基底が存在する.

証明: 上の系から, 有限個の元からなる I の生成系 G_0 が存在する. もし G_0 が I の $\prec$ に関するグレブナー基底でなければ, $\mathrm{LM}_\prec(P)$ が $\mathrm{LM}_\prec(G_0)$ の生成する単項式イデアルに含まれないような $P \in I \setminus \{0\}$ が存在する. このとき $G_1 := G_0 \cup \{P\}$ とおこう. G_1 はまた I の生成系である. G_1 が I の $\prec$ に関するグレブナー基底でないとすると, $\mathrm{LM}_\prec(P)$ が $\mathrm{LM}_\prec(G_1)$ の生成する単項式イ

デアルに含まれないような $P \in I \setminus \{0\}$ が存在する．このとき $G_2 := G_1 \cup \{P\}$ とする．この操作を続けて $G_1, G_2, G_3, \ldots$ を作ったとき，どの G_k も I のグレブナー基底にならなかったとすると，$\mathrm{LM}_\prec(G_k)$ の生成する単項式イデアルは真に単調増大であることになるが，これは Dickson の補題に反する．(証了)

D 加群理論におけるグレブナー基底の重要性は，それが包合基底を計算するアルゴリズムを与えることにある．

定理 3.38. $\prec$ を $D_n[y]$ の項順序，w を $D_n[y]$ の重みベクトルとして，単項式順序 $\prec_w$ を例 3.22 のように定義する．I を $D_n[y]$ の左イデアルとする．このとき G が $\prec_w$ に関する I のグレブナー基底であれば，G は I の w 包合基底である．

証明: 一般に $P \in D_n[y] \setminus \{0\}$ に対して，$\prec_w$ の定義より $\mathrm{LM}_\prec(\mathrm{in}_w(P)) = \mathrm{LM}_{\prec_w}(P)$ が成り立つ．特に $\mathrm{LM}_\prec(\mathrm{in}_w(G)) = \mathrm{LM}_{\prec_w}(G)$ である．$P \in I \setminus \{0\}$ とするとき，$\mathrm{gr}_w(D_n[y])$ と項順序 $\prec$ に関して命題 3.32 を適用すれば，適当な $\overline{Q}_1, \ldots, \overline{Q}_r, \overline{R} \in \mathrm{gr}_w(D_n[y])$ があって，

$$\mathrm{in}_w(P) = \overline{Q}_1 \mathrm{in}_w(P_1) + \cdots + \overline{Q}_r \mathrm{in}_w(P_r) + \overline{R},$$

かつ $\mathrm{LM}_\prec(\overline{R})$ は，$\mathrm{LM}_\prec(\mathrm{in}_w(G))$ の生成する単項式イデアルに属さないか，または $\overline{R} = 0$ となるようにできる．さらに命題 3.32 の証明から，$\overline{Q}_i \neq 0$ ならば，$\overline{Q}_i$ の各項の w 階数は $\mathrm{ord}_w(P) - \mathrm{ord}_w(P_i)$ であるとしてよい．このとき $\mathrm{in}_w(Q_i) = \overline{Q}_i$ となるような $Q_i \in D_n[y]$ をとって

$$R := P - (Q_1 P_1 + \cdots + Q_r P_r)$$

とおこう．今 $\overline{R} \neq 0$ と仮定すると，$\overline{R} = \mathrm{in}_w(R)$ である．よって $\mathrm{LM}_{\prec_w}(R) = \mathrm{LM}_\prec(\overline{R})$ は $\mathrm{LM}_{\prec_w}(G)$ の生成する単項式イデアルには属さない．ところが $R \in I$ であるから，これは G が $\prec_w$ に関する I のグレブナー基底であることに反する．よって $\overline{R} = 0$ でなければならない．すなわち

$$\mathrm{in}_w(P) = \overline{Q}_1 \mathrm{in}_w(P_1) + \cdots + \overline{Q}_r \mathrm{in}_w(P_r)$$

である．よって $\mathrm{gr}_w(I)$ は $\mathrm{in}_w(G)$ で生成されることが示された．すなわち G は I の w 包含基底である．(証了)

命題 3.37 と定理 3.38 から次を得る．

系 3.39. $D_n[y]$ の任意の左イデアル I と重みベクトル w に対して，有限個の元からなる I の w 包含基底 G が存在する．

問題 3.4. 例 3.22 において次を確かめよ．
(1) 辞書式順序は項順序である．
(2) $\prec$ を単項式順序，w を重みベクトルとすると，$\prec_w$ は単項式順序である．
(3) $\prec$ を項順序とするとき，$\prec_w$ が項順序であるための必要十分条件は w が負の成分を持たないことである．

問題 3.5. $n = 2$ として，$P_1 := \partial_1$, $P_2 := \partial_1^2 - \partial_2$, $I := D_2\partial_1 + D_2\partial_2$ とおく．$\prec$ を D_2 の単項式順序とする．このとき，$G = \{P_1, P_2\}$ が $\prec$ に関するグレブナー基底であるための必要十分条件は，$\xi_1^2 \prec \xi_2$ であることを示せ．

3.4 グレブナー基底の計算アルゴリズム

イデアル I の生成系が与えられたとき，それから I のグレブナー基底を計算するためのアルゴリズムを考察しよう．この節で扱う項順序の場合は，多項式環のグレブナー基底を計算する Buchberger のアルゴリズムがほとんどそのまま適用できる．一般に $M(x, y, \xi)$ の元 (単項式) u と v の最小公倍数を $\mathrm{LCM}(u, v)$ で表す．

定義 3.40. $P, Q \in D_n[y] \setminus \{0\}$ に対して，全表象がそれぞれ

$$\mathrm{LC}_\prec(Q)\frac{\mathrm{LCM}(\mathrm{LM}_\prec(P), \mathrm{LM}_\prec(Q))}{\mathrm{LM}_\prec(P)}, \quad \mathrm{LC}_\prec(P)\frac{\mathrm{LCM}(\mathrm{LM}_\prec(P), \mathrm{LM}_\prec(Q))}{\mathrm{LM}_\prec(Q)}$$

であるような $D_n[y]$ の元を S, T とするとき，

$$\mathrm{sp}_\prec(P,Q) := SP - TQ$$

を P と Q の **S 式**と呼ぶ (S は subtraction(引き算) の頭文字. 多項式環の場合は S 多項式と呼ぶ). SP と TQ の主単項式と主係数は共に等しいので,

$$\mathrm{LM}_\prec(\mathrm{sp}_\prec(P,Q)) \prec \mathrm{LCM}(\mathrm{LM}_\prec(P), \mathrm{LM}_\prec(Q))$$

が成立する.

定理 3.41 (Buchberger) $G = \{P_1, \ldots, P_r\}$ を $D_n[y] \setminus \{0\}$ の有限部分集合, I を G の生成する $D_n[y]$ の左イデアル, $\prec$ を $D_n[y]$ の項順序とするとき, 次の条件 (1)–(3) は同値である.

(1) G は $\prec$ に関する I のグレブナー基底.

(2) $P \in I$ のとき, P を $\prec$ に関して G で割った余りは常に 0 となる.

(3) 任意の $P_i, P_j \in G$ に対して, ある $Q_{ij1}, \ldots, Q_{ijr} \in D_n[y]$ が存在して,

$$\mathrm{sp}_\prec(P_i, P_j) = Q_{ij1} P_1 + \cdots + Q_{ijr} P_r$$

かつすべての $k = 1, \ldots, r$ について,

$$Q_{ijk} = 0, \quad \text{または} \quad \mathrm{LM}_\prec(Q_{ijk} P_k) \prec \mathrm{LCM}(\mathrm{LM}_\prec(P_i), \mathrm{LM}_\prec(P_j))$$

が成立する.

証明: (1) $\Rightarrow$ (2): $P \in I$ として, P を $\prec$ について G で割った余りを R とする. $R \neq 0$ と仮定すると, $\mathrm{LM}_\prec(R)$ は $\mathrm{LM}_\prec(G)$ の生成する単項式イデアルに属さない. ところが G がグレブナー基底であることより, この単項式イデアルは $\langle \mathrm{LM}_\prec(I) \rangle$ と一致するから, これは $P \in I$ に矛盾する. よって $R = 0$ でなければならない.

(2) $\Rightarrow$ (3): $\mathrm{sp}_\prec(P_i, P_j) \in I$ であるから, (3) は (2) の特別な場合である.

(3) $\Rightarrow$ (1): $\mathrm{LC}_\prec(P_i) = 1$ ($i = 1, \ldots, r$) と仮定しておいても一般性を失わない. このとき, $\mathrm{LCM}(\mathrm{LM}_\prec(P_i), \mathrm{LM}_\prec(P_j))/\mathrm{LM}_\prec(P_j)$ を全表象とする $D_n[y]$ の元を S_{ij} とおけば

$$\mathrm{sp}_\prec(P_i, P_j) = S_{ji}P_i - S_{ij}P_j$$

である．$P \in I \setminus \{0\}$ とする．このとき $\mathrm{LM}_\prec(P)$ が $\mathrm{LM}_\prec(G)$ の生成する単項式イデアルに属することを示せばよい．そのためには，ある $Q_1, \ldots, Q_r \in D_n[y]$ が存在して，$P = \sum_{k=1}^r Q_k P_k$ かつ各 k について，$Q_k = 0$ または $\mathrm{LM}_\prec(Q_k P_k) \preceq \mathrm{LM}_\prec(P)$ とできることを示せば十分である．実際このとき，ある k について $\mathrm{LM}_\prec(P) = \mathrm{LM}_\prec(Q_k P_k)$ となり，$\mathrm{LM}_\prec(P)$ は $\mathrm{LM}_\prec(G)$ の生成する単項式イデアルに含まれる．そこで

$$P = \sum_{k=1}^r Q_k P_k, \quad (Q_1, \ldots, Q_r \in D_n[y]) \tag{3.4}$$

という形の表示の全体を考え，その中で，$\max_\prec\{\mathrm{LM}_\prec(Q_k P_k) \mid 1 \leq k \leq r, Q_k \neq 0\}$ が順序 $\prec$ について最小になるものを一つとり，それを改めて (3.4) とみなすことにする．ここで $\max_\prec$ は順序 $\prec$ に関する最大元を表す．($P \in I$ よりこのような表示は少なくとも一つ存在し，また $\prec$ が整列順序であるから，上の意味で最小な表示を一つ選べる．) このような最小性をもつ表示 (3.4) を一つ固定して，

$$u_0 := \max{}_\prec\{\mathrm{LM}_\prec(Q_k P_k) \mid 1 \leq k \leq r, Q_k \neq 0\}$$

とおこう．上の注意により $u_0 = \mathrm{LM}_\prec(P)$ ならば (1) が証明できたことになる．

そのため以下では $u_0 \neq \mathrm{LM}_\prec(P)$ (従って $u_0 \succ \mathrm{LM}_\prec(P)$) と仮定しよう．$P_1, \ldots, P_r$ を並べ替えて，$1 \leq k \leq \ell$ のとき $\mathrm{LM}_\prec(Q_k P_k) = u_0$, $\ell < k \leq r$ のとき $\mathrm{LM}_\prec(Q_k P_k) \prec u_0$ または $Q_k = 0$ が成立するとしてよい．

$$Q_k' := Q_k - \mathrm{LT}_\prec(Q_k), \quad c_k := \mathrm{LC}_\prec(Q_k), \quad S_k := c_k^{-1} \mathrm{LT}_\prec(Q_k)$$

とおくと，

$$P = \sum_{k=1}^\ell \mathrm{LT}(Q_k) P_k + \sum_{k=1}^\ell Q_k' P_k + \sum_{k=\ell+1}^r Q_k P_k.$$

ここでこの第一項を次のように変形する：

$$\sum_{k=1}^{\ell} \mathrm{LT}(Q_k)P_k = \sum_{k=1}^{\ell} c_k S_k P_k$$
$$= \sum_{k=1}^{\ell-1}(c_1 + \cdots + c_k)(S_k P_k - S_{k+1}P_{k+1})$$
$$+ (c_1 + \cdots + c_\ell)S_\ell P_\ell.$$

ここで $1 \le k \le \ell - 1$ のとき,ある単項式 u_k があって

$$\mathrm{LM}_\prec(S_k)\mathrm{LM}_\prec(P_k) = \mathrm{LM}_\prec(S_{k+1})\mathrm{LM}_\prec(P_{k+1})$$
$$= u_k \mathrm{LCM}(\mathrm{LM}_\prec(P_k), \mathrm{LM}_\prec(P_{k+1}))$$

が成立するから,

$$\mathrm{LM}_\prec(S_k) = u_k S_{k+1,k}(x,\xi), \quad \mathrm{LM}_\prec(S_{k+1}) = u_k S_{k,k+1}(x,\xi)$$

となる.従って,u_k を全表象とする $D_n[y]$ の元を U_k として

$$A_k := S_k - U_k S_{k+1,k}, \quad B_k := S_{k+1} - U_k S_{k,k+1}$$

とおけば,$\mathrm{LM}_\prec(A_k P_k) \prec \mathrm{LM}_\prec(S_k P_k) = u_0$, $\mathrm{LM}_\prec(B_k P_{k+1}) \prec u_0$ であり,

$$S_k P_k - S_{k+1}P_{k+1} = U_k(S_{k+1,k}P_k - S_{k,k+1}P_{k+1}) + A_k P_k - B_k P_{k+1}$$

が成立する.これから

$$\sum_{k=1}^{\ell} \mathrm{LT}(Q_k)P_k = \sum_{k=1}^{\ell-1}(c_1 + \cdots + c_k)U_k \mathrm{sp}_\prec(P_k, P_{k+1}) + (c_1 + \cdots + c_\ell)S_\ell P_\ell$$
$$+ \sum_{k=1}^{\ell-1}(c_1 + \cdots + c_k)(A_k P_k - B_k P_{k+1})$$

を得る.この式で $(c_1 + \cdots + c_\ell)S_\ell P_\ell$ 以外の項の主単項式は u_0 よりも (順序 $\prec$ に関して) 小さい.仮定により $\mathrm{LM}_\prec(P)$ も u_0 より小さいから,

$$c_1 + \cdots + c_\ell = 0$$

でなければならない. 従って

$$P = \sum_{k=1}^{\ell-1}(c_1+\cdots+c_k)U_k\sum_{\nu=1}^{r}Q_{k,k+1,\nu}P_\nu + \sum_{k=1}^{\ell}Q'_kP_k$$
$$+ \sum_{k=\ell+1}^{r}Q_kP_k + \sum_{k=1}^{\ell-1}(c_1+\cdots+c_k)(A_kP_k - B_kP_{k+1})$$

を得る.この右辺の各項の主単項式は u_0 より小さいから,これは (3.4) の最小性に反する.従って背理法により,(3.4) において $u_0 = \mathrm{LM}_\prec(P)$ とできることが示された.(証了)

これから直ちにグレブナー基底を構成するアルゴリズムが導かれる.

アルゴリズム 3.42 (Buchberger アルゴリズム) インプット: $D_n[y]$ の左イデアル I の有限個の元からなる生成系 G と $D_n[y]$ の項順序 $\prec$.
手続き「相異なる $P, Q \in G$ に対して,$\mathrm{sp}_\prec(P,Q)$ を $\prec$ に関して G で割った余りを R とする.もし $R \neq 0$ ならば $G := G \cup \{R\}$ とする.」を,G の任意の相異なる元の組 (P, Q) について,$\mathrm{sp}_\prec(P,Q)$ を $\prec$ に関して G で割った余りが 0 となるまで繰り返す.(ここで,割算の余り R は一意的ではないが,任意に選んでよい.)
アウトプット: G が I の $\prec$ に関するグレブナー基底である.

命題 3.43. 上のアルゴリズムは停止して,そのアウトプット G は I の $\prec$ に関するグレブナー基底である.

証明: (1) アルゴリズムが停止すること: 上のアルゴリズムの 1 ステップごとの G に添字を付けて $G_0, G_1, G_2, \ldots$ と書こう.もしアルゴリズムが停止しないとすると,$\mathrm{LM}_\prec(G_k)$ の生成する単項式イデアル J_k の増大列が得られる.このときある $P, Q \in G_k$ に対して $\mathrm{sp}_\prec(P,Q)$ を G_k で割った余り R で 0 でないものがあることになるが,このとき $\mathrm{LM}_\prec(R)$ は J_k に含まれないから,$J_k \subset J_{k+1}$ かつ $J_k \neq J_{k+1}$ である.これは Dickson の補題に反する.よってこのアルゴリズムは有限ステップで停止する.

(2) アウトプット G が I のグレブナー基底であること: 余り R はまた I に属するから，G が I の生成系であることは，アルゴリズムの実行中保存される．アルゴリズムが停止したときの G の任意の元 P, Q に対して，$\mathrm{sp}_\prec(P, Q)$ を G で割った余りは 0 になるから，定理 3.41 により G は I の $\prec$ に関するグレブナー基底である．(証了)

アルゴリズム 3.42 のアウトプット G の元であって，その主単項式が G の他の元の主単項式の倍数になっているようなものがあれば，その元は G から除いてもよい．($\mathrm{LM}_\prec(G)$ の生成する単項式イデアルはこうしても不変だから．) 実際の計算では，アルゴリズム 3.42 の計算量を減らすために種々の手法が用いられる．ただし微分作用素環の場合には，多項式環の場合の効率化の手法が使えないこともあるので注意が必要である．これらは計算の立場からは重要な話題であるが，本書ではこれ以上触れない．

例 3.44. $n = 1$ として，一変数多項式環 $K[x]$ を考える．$\prec$ を $K[x]$ の項順序とすると，$1 \prec x \prec x^2 \prec \cdots$ となるから，$x^i \prec x^j$ は $i < j$ と同値になることがわかる．従って $f \in K[x]$ の主単項式は f に現れる単項式のうち次数が最大のものである．$f, g \in K[x]$ が 0 でなく，f の次数が g の次数以上であれば，$\mathrm{sp}_\prec(f, g)$ を $\{f, g\}$ で割った余りは，f を g で割った余り r の (0 でない) 定数倍である．このとき f と g の生成するイデアル I と，g と r が生成するイデアルは一致する．よって $\{f, g\}$ から出発して I の 1 個の生成元 $\mathrm{GCD}(f, g)$ を求めるユークリッドの互除法は，アルゴリズム 3.42 の特別な場合である．

例 3.45. n 変数多項式環 $K[x] = K[x_1, \ldots, x_n]$ において，1 次斉次式

$$f_i = c_{i1}x_1 + \cdots + c_{in}x_n \quad (i = 1, \ldots, m)$$

で生成されるイデアルを I とする．$\prec$ を $x_1, \ldots, x_n$ についての辞書式順序 $(x_1 \succ x_2 \succ \cdots \succ x_n)$ とする．c_{ij} を (i, j) 成分とする $m \times n$ 行列を C とすると，C が階段行列であれば，$\{f_1, \ldots, f_m\}$ から 0 多項式を除いた集合は $\prec$ に関するグレブナー基底である．実際，このとき $f_1, \ldots, f_m$ のうち 0 でないものの主単項式はすべて相異なるから，たとえば

$$f_1 = x_i + c_{1,i+1}x_{i+1} + \cdots + c_{1n}x_n \quad (c_{1i} \neq 0)$$
$$f_2 = x_j + c_{2,j+1}x_{j+1} + \cdots + c_{2n}x_n \quad (c_{2j} \neq 0)$$

とすれば $i \neq j$ で

$$\mathrm{sp}_\prec(f_1, f_2) = x_j f_1 - x_i f_2$$

となる．$f_1' := f_1 - x_i$, $f_2' := f_2 - x_j$ とおけば，

$$\mathrm{sp}_\prec(f_1, f_2) = (f_2 - f_2')f_1 - (f_1 - f_1')f_2 = -f_2'f_1 + f_1'f_2$$

で $\mathrm{LM}_\prec(f_2'f_1) \prec x_i x_j$, $\mathrm{LM}_\prec(f_1'f_2) \prec x_i x_j$ だから定理 3.41 の (3) の条件が成り立つ．

例 3.46. $a \in K$ を定数として，D_n の元 $P_1 := x_1\partial_1 - a$ と $P_2 := \partial_1^3$ を考える．$\prec$ を D_n の任意の項順序として，$G := \{P_1, P_2\}$ の生成する D_n の左イデアル I の $\prec$ に関するグレブナー基底を計算してみよう．

$$\mathrm{sp}_\prec(P_1, P_2) = \partial_1^2 P_1 - x_1 P_2 = (2-a)\partial_1^2$$

より，$a = 2$ なら G は I の極小グレブナー基底である．そこで $a \neq 2$ と仮定しよう．ξ_1^2 は $\mathrm{LM}_\prec(G) = \{x_1\xi_1, \xi_1^3\}$ の生成する単項式イデアルに属さないから，$P_3 := \partial_1^2$ とおく．このとき $P_2 = \partial_1 P_3$ は，P_1 と P_3 の生成するイデアルに含まれるから，G に P_3 を加えて P_2 を取り除き，$G_1 := \{P_1, P_3\}$ とおけば，G_1 も I の生成系である．

$$\mathrm{sp}_\prec(P_1, P_3) = \partial_1 P_1 - x_1 P_3 = (1-a)\partial_1$$

であるから，$a = 1$ ならば G_1 は I の極小グレブナー基底である．そこで $a \neq 1, 2$ の場合は，$P_4 := \partial_1$ として，$G_2 := \{P_1, P_4\}$ とおくと前と同じ理由で G_2 も I の生成系である．

$$\mathrm{sp}_\prec(P_1, P_4) = P_1 - x_1 P_4 = -a$$

であるから，$a = 0$ ならば G_2 は I のグレブナー基底であるが，$P_1 = x_1 P_4$ より $\{\partial_1\}$ が I の極小グレブナー基底である．$a \neq 0, 1, 2$ ならば，上の計算から $1 \in I$ であるから，$I = D_n$ で $\{1\}$ が I の極小グレブナー基底である．

例 3.47. $\prec$ を $\xi_1 \succ \xi_2 \succ x_1 \succ x_2$ で決まる辞書式順序から作った D_2 の全次数辞書式順序とする．$P_1 := \underline{\partial_1} - \partial_2, P_2 := \underline{x_1\partial_1} + x_2\partial_2 - 1$ の生成する D_2 の左イデアルの $\prec$ に関する極小グレブナー基底を求めよう（下線部は主項を表す）．まず $G_0 := \{P_1, P_2\}$ とする．

$$\mathrm{sp}_\prec(P_2, P_1) = P_2 - x_1 P_1 = \underline{x_1 \partial_2} + x_2 \partial_2 - 1 =: P_3$$

の主単項式 $x_1\xi_2$ は ξ_1 で割り切れないから，P_3 を生成系に加える．P_2 は P_1 と P_3 の生成する左イデアルに含まれるから P_2 を除いて，$G_1 := \{P_1, P_3\}$ は I の生成系である．割算操作の各ステップを矢印で表すと，

$$\begin{aligned}
\mathrm{sp}_\prec(P_1, P_3) &= x_1 \partial_2 P_1 - \partial_1 P_3 \\
&= \underline{-x_2 \partial_1 \partial_2} - x_1 \partial_2^2 + \partial_1 - \partial_2 \\
&\to -x_2 \partial_1 \partial_2 - x_1 \partial_2^2 + \partial_1 - \partial_2 + x_2 \partial_2 P_1 \\
&= \underline{-x_1 \partial_2^2} - x_2 \partial_2^2 + \partial_1 - \partial_2 \\
&\to -x_1 \partial_2^2 - x_2 \partial_2^2 + \partial_1 - \partial_2 + \partial_2 P_3 \\
&= \underline{\partial_1} - \partial_2 \to \partial_1 - \partial_2 - P_1 = 0
\end{aligned}$$

となり，$\mathrm{LM}_\prec(G_1) = \{\xi_1, x_1\xi_2\}$ だから，G_1 は $\prec$ に関する I の極小グレブナー基底である．

問題 3.6. m を 2 以上の整数として，$G := \{x_1 \partial_1 - m + 1, \partial_1^m, \partial_2, \ldots, \partial_n\}$ とおき，G の生成する D_n の左イデアルを I とする．$\prec$ を D_n の任意の項順序とするとき，G は $\prec$ に関する I の極小グレブナー基底であることを示せ．

3.5 斉次化によるグレブナー基底の計算

前節では項順序の場合にグレブナー基底の計算アルゴリズムを考察した．ここでは D_n に対する重みベクトル $w \in \mathbb{Z}^{2n}$ が，$w_i + w_{n+i} = 0$ $(i = 1, \ldots, n)$ を満たす（つまり x_i と ∂_i に対する重みの和が 0）とする．$\prec$ を D_n の任意の

項順序とする.すると $\prec_w$ は単項式順序ではあるが項順序ではない.$\prec_w$ に関するグレブナー基底の計算法を導いてみよう.

以下では前節までの記号で $m=1$ として $y=y_1$ を 1 個の不定元とする.$D_n[y]$ の重みベクトル $\widetilde{w}$ を $\widetilde{w}:=(w;-1)\in\mathbb{Z}^{2n+1}$ で定義しよう.

定義 3.48. D_n の 0 でない元 $P=\sum_{\alpha,\beta\in\mathbb{N}^n}a_{\alpha\beta}x^\alpha\partial^\beta$ に対して

$$k_0:=\min\{\langle w,(\alpha,\beta)\rangle\mid\alpha,\beta\in\mathbb{N}^n,\ a_{\alpha\beta}\neq 0\}$$

を P の w に関する**最小重み**と呼ぶ.このとき P の w に関する**斉次化** (homogenization) $h_w(P)\in D_n[y]$ を

$$h_w(P):=\sum_{\alpha,\beta\in\mathbb{N}^n}a_{\alpha\beta}x^\alpha y^{\langle w,(\alpha,\beta)\rangle-k_0}\partial^\beta$$

で定義する.$h_w(P)$ は $\widetilde{w}$ に関して重み k_0 の斉次元である.

補題 3.49. P,Q を D_n の 0 でない元とするとき,$h_w(PQ)=h_w(P)h_w(Q)$ が成立する.

証明: $P=\sum_{\alpha,\beta\in\mathbb{N}^n}a_{\alpha\beta}x^\alpha\partial^\beta$, $Q=\sum_{\alpha,\beta\in\mathbb{N}^n}b_{\alpha\beta}x^\alpha\partial^\beta$ の w に関する最小重みをそれぞれ k_0,ℓ_0 とする.

$$R:=PQ=\sum_{\alpha,\beta}\sum_{\gamma,\delta}a_{\alpha\beta}b_{\gamma\delta}x^\alpha\partial^\beta x^\gamma\partial^\delta$$

において $x^\alpha\partial^\beta x^\gamma\partial^\delta$ は重み $\langle w,(\alpha+\gamma,\beta+\delta)\rangle$ の斉次元であるから,R の最小重みは $k_0+\ell_0$ であり,

$$\begin{aligned}h_w(R)&=\sum_{\alpha,\beta}\sum_{\gamma,\delta}y^{\langle w,(\alpha+\gamma,\beta+\delta)\rangle-(k_0+\ell_0)}a_{\alpha\beta}b_{\gamma\delta}x^\alpha\partial^\beta x^\gamma\partial^\delta\\&=\sum_{\alpha,\beta}a_{\alpha\beta}x^\alpha y^{\langle w,(\alpha,\beta)\rangle-k_0}\partial^\beta\sum_{\gamma,\delta}b_{\gamma\delta}x^\gamma y^{\langle w,(\gamma,\delta)\rangle-\ell_0}\partial^\delta\\&=h_w(P)h_w(Q)\end{aligned}$$

が成り立つ.(証了)

補題 3.50. $P_1, \ldots, P_r$ を $D_n \setminus \{0\}$ の任意の元として $P := P_1 + \cdots + P_r$ とおくと,適当な非負整数 $\ell_0, \ell_1, \ldots, \ell_r$ によって

$$y^{\ell_0} h_w(P) = y^{\ell_1} h_w(P_1) + \cdots + y^{\ell_r} h_w(P_r)$$

が成立する.

証明: P_j の w に関する最小重みを k_j, P の最小重みを k_0 として, $k_0, k_1, \ldots, k_r$ の最小値を k とすれば, $h_w(P_i)$ は重み k_i の斉次元だから, $y^{k_i - k} h_w(P_i)$ は重み k の斉次元であり,

$$y^{k_0 - k} h_w(P) = y^{k_1 - k} h_w(P_1) + \cdots + y^{k_r - k} h_w(P_r)$$

が成立することがわかる. (証了)

定理 3.51. $P_1, \ldots, P_r \in D_n \setminus \{0\}$ の生成する D_n の左イデアルを I とする. $\prec$ を D_n の任意の項順序として $D_n[y]$ の項順序 $\prec_h$ を

$$x^\alpha y^\nu \xi^\beta \prec_h x^{\alpha'} y^{\nu'} \xi^{\beta'} \iff \nu < \nu' \text{ または } (\nu = \nu' \text{ かつ } x^\alpha \xi^\beta \prec x^{\alpha'} \xi^{\beta'})$$

で定義する. $w \in \mathbb{Z}^{2n}$ を $w_i + w_{n+i} = 0 \ (i = 1, \ldots, n)$ を満たすような重みベクトルとして, D_n の項順序 $\prec_w$ を例 3.22 のように定義する. また $\widetilde{w} := (w; -1)$ とする. このとき, $h_w(P_1), \ldots, h_w(P_r)$ の生成する $D_n[y]$ の左イデアルを I^h として, G^h を I^h の $\prec_h$ に関するグレブナー基底であって $\widetilde{w}$ に関する斉次元からなるものとすれば (斉次元の積は斉次元だから, Buchberger アルゴリズムを適用して得られるグレブナー基底は斉次元からなる), G^h の元に $y = 1$ を代入して得られる $G := \{P(1) \mid P(y) \in G^h\}$ は,単項式順序 $\prec_w$ に関して I のグレブナー基底である.特に G は I の w 包含基底である.

証明: $G^h = \{Q_1(y), \ldots, Q_k(y)\}$ とおく. I^h の定義から

$$Q_i(y) = \sum_{j=1}^r U_{ij}(y) h_w(P_j) \quad (i = 1, \ldots, k)$$

を満たす $U_{ij}(y) \in D_n[y]$ が存在する. $y = 1$ を代入すれば

$$Q_i(1) = \sum_{j=1}^{r} U_{ij}(1) P_j \quad (i = 1, \ldots, k)$$

を得るから $G \subset I$ である.

さて $P \in I \setminus \{0\}$ とする. $P = U_1 P_1 + \cdots + U_r P_r$ となるような $U_1, \ldots, U_r$ が存在する. この両辺を斉次化すれば, 上の2つの補題によって適当な非負整数 $\ell_0, \ell_1, \ldots, \ell_r$ があって

$$y^{\ell_0} h_w(P) = y^{\ell_1} h_w(U_1) h_w(P_1) + \cdots + y^{\ell_r} h_w(U_r) h_w(P_r)$$

が成り立つから, $y^{\ell_0} h_w(P)$ は I^h に属する. 従って $y^{\ell_0} h_w(P)$ を G^h の元の1次結合で書いて $y = 1$ とすれば, P は G の生成する左イデアルに属することがわかる. 従って G は I の生成系である.

次に $\prec_h$ と斉次化の定義から, P の $\prec_w$ に関する主単項式は, $y^{\ell_0} h_w(P)$ の $\prec_h$ に関する主単項式に $y = 1$ を代入したものに等しいことがわかる. $y^{\ell_0} h_w(P) \in I^h$ で G^h は I^h の $\prec_h$ に関するグレブナー基底だから, $y^{\ell_0} h_w(P)$ の $\prec_h$ に関する主単項式は, G^h のある元 $Q(y)$ の $\prec_h$ に関する主単項式の倍数である. よって P の $\prec_w$ に関する主単項式は, $Q(1)$ の $\prec_w$ に関する主単項式の倍数である. 以上によって G は I の $\prec_w$ に関するグレブナー基底であることが示された. 最後の主張はこれと定理 3.38 から従う. (証了)

例 3.52. $n = 2$ として $\prec$ を $\xi_1 \succ \xi_2 \succ x_1 \succ x_2$ を満たす辞書式順序から作った全次数辞書式順序とする. D_2 の重みベクトルとして $w = (-1, 0; 1, 0)$ をとる. $P_1 := \partial_1 + \partial_2$, $P_2 := x_2 - x_1$ で生成される D_2 の左イデアル I の $\prec_w$ に関するグレブナー基底を上の定理の方法で求めてみよう (下線部は $\prec_h$ に関する主項).

$$\widetilde{P}_1 := h_w(P_1) = \underline{y \partial_1} + \partial_2, \qquad \widetilde{P}_2 := h_w(P_2) = \underline{x_2 y} - x_1$$

の生成する $D_2[y]$ のイデアルが I^h である.

$$\mathrm{sp}_{\prec_h}(\widetilde{P}_1, \widetilde{P}_2) = x_2 \widetilde{P}_1 - \partial_1 \widetilde{P}_2 = \underline{x_1 \partial_1} + x_2 \partial_2 + 1$$

を $\widetilde{P}_3$ とおくと, $\{\widetilde{P}_1, \widetilde{P}_2, \widetilde{P}_3\}$ は $\prec_h$ に関して I^h の極小グレブナー基底になることがわかる. 従って $\{\partial_1 + \partial_2, x_2 - x_1, x_1\partial_1 + x_2\partial_2 + 1\}$ は I の $\prec_w$ に関するグレブナー基底である. これらの $\prec_w$ に関する主単項式は $\xi_1, x_2, x_1\xi_1$ だから $\langle \mathrm{LM}_{\prec_w}(I) \rangle$ は $\{\xi_1, x_2\}$ で生成され, I は定義により P_1, P_2 で生成されるから, $\{P_1, P_2\}$ は I の $\prec_w$ に関する (極小) グレブナー基底である.

問題 3.7. 上の例で $\{\widetilde{P}_1, \widetilde{P}_2, \widetilde{P}_3\}$ が I^h の $\prec_h$ に関するグレブナー基底になることを確かめよ.

問題 3.8. 定理 3.51 の証明において, P の $\prec_w$ に関する主単項式は, $y^{\ell_0}h_w(P)$ の $\prec_h$ に関する主単項式に $y = 1$ を代入したものに等しいことを示せ.

4

多項式の巾と b 関数

　n 変数多項式 f が与えられたとき，s をパラメータとして f^s という「関数」を考え，それの満たす (s をパラメータとする) 偏微分方程式系を求めることがこの章の主題である．これから特に f の佐藤–ベルンステイン多項式，または b 関数と呼ばれる一変数多項式 $b_f(s)$ の計算アルゴリズムが導かれる．さらに b 関数の整数根に関する情報を用いて，定数 a に対して f^a という関数の満たす偏微分方程式系を計算することができる．特に a を適当な負の整数とすれば，f の巾を分母とする有理関数の全体 $K[x, f^{-1}]$ の左 D_n 加群としての構造がわかる．これは $n = 1$ の場合に 2.5 節で考察した事実の拡張になっている．

4.1　多項式の巾と D 加群

　$x = (x_1, \ldots, x_n)$ として $f = f(x) \in K[x]$ を定数でない n 変数多項式とする．s を一つの変数として，分母が f の巾であるような x と s に関する有理関数の全体を

$$K[x, f^{-1}, s] := \left\{ \frac{g(x, s)}{f^\nu} \mid g(x, s) \in K[x, s], \nu \in \mathbb{N} \right\}$$

で表す．形式的に f^s という式を導入し

$$N_f := K[x, f^{-1}, s] f^s = \{ a(x, s) f^s \mid a(x, s) \in K[x, f^{-1}, s] \}$$

とおく．整数 ν に対して $f^\nu f^s$ を $f^{s+\nu}$ と略記する．N_f は $K[x, s]$ 加群である．($K[x, s]$ 加群としては，N_f は $K[x, f^{-1}, s]$ と同型である．) 偏微分 ∂_i の N_f への作用を「自然に」 $a(x, s) \in K[x, f^{-1}, s]$ に対して

$$\partial_i(a(x,s)f^s) = \left(\frac{\partial a(x,s)}{\partial x_i} + \frac{sa(x,s)}{f}\frac{\partial f}{\partial x_i}\right)f^s \quad (i=1,\ldots,n) \quad (4.1)$$

で定義しよう. すると $u \in N_f$ に対して

$$\begin{cases} \partial_i(x_j u) - x_j(\partial_i u) = \delta_{ij} u \\ \partial_i(\partial_j u) - \partial_j(\partial_i u) = 0, \qquad (i,j=1,\ldots,n) \\ \partial_i(su) - s\partial_i(u) = 0 \end{cases} \quad (4.2)$$

が成立することは容易に確かめられるから, N_f は左 $D_n[s]$ 加群になる (補題 3.4 と問題 3.2 を参照). ここで, D_n は変数 $x_1,\ldots,x_n$ に関する微分作用素環を表す.

我々の最初の目標は, f^s の零化イデアル

$$\mathrm{Ann}_{D_n[s]}f^s := \{P(s) \in D_n[s] \mid P(s)f^s = 0\}$$

の生成系を具体的に求めるためのアルゴリズムを得ることである. そのために t を新たな変数として, 変数 $x_1,\ldots,x_n,t$ に関する微分作用素環を D_{n+1} で表す. x_i に関する偏微分を ∂_i, t に関する偏微分を ∂_t で表すことにする. D_{n+1} は D_n を部分環として含む. さて t と ∂_t の N_f への作用を Malgrange に従って, $a(x,s) \in K[x,f^{-1},s]$ に対して

$$t(a(x,s)f^s) = a(x,s+1)f^{s+1}, \quad \partial_t(a(x,s)f^s) = -sa(x,s-1)f^{s-1} \quad (4.3)$$

で定義しよう. まず t,∂_t の作用は x_i の作用と可換だから, これによって N_f は $K[x,t]$ 加群になる. さらに N_f は, 上記の $\partial_1,\ldots,\partial_n$ と ∂_t の作用で左 D_{n+1} 加群となる. これを示すには補題 3.4 によって, 各 $i=1,\ldots,n$ と $u \in N_f$ に対して

$$\partial_i(\partial_t u) - \partial_t(\partial_i u) = 0, \quad (4.4)$$

$$\partial_i(tu) - t(\partial_i u) = 0, \quad (4.5)$$

$$\partial_t(tu) - t(\partial_t u) = u \quad (4.6)$$

を示せばよい. $a(x,s) \in K[x,f^{-1},s]$ とすると,

$$\partial_i(\partial_t(a(x,s)f^s)) = \partial_i\left(-s\frac{a(x,s-1)}{f}f^s\right)$$
$$= -s\left(\frac{\partial a(x,s-1)}{\partial x_i}\frac{1}{f} - \frac{a(x,s-1)}{f^2}\frac{\partial f}{\partial x_i} + s\frac{a(x,s-1)}{f^2}\frac{\partial f}{\partial x_i}\right)f^s,$$
$$\partial_t(\partial_i(a(x,s)f^s)) = \partial_t\left(\frac{\partial a(x,s)}{\partial x_i} + \frac{sa(x,s)}{f}\frac{\partial f}{\partial x_i}\right)f^s$$
$$= -s\left(\frac{\partial a(x,s-1)}{\partial x_i} + \frac{(s-1)a(x,s-1)}{f}\frac{\partial f}{\partial x_i}\right)f^{s-1}$$

より (4.4) を得る. (4.5) も同様に

$$\partial_i(t(a(x,s)f^s)) = \partial_i(a(x,s+1)ff^s)$$
$$= \left(\frac{\partial a(x,s+1)}{\partial x_i}f + (s+1)a(x,s+1)\frac{\partial f}{\partial x_i}\right)f^s$$
$$= t(\partial_i(a(x,s)f^s))$$

として示される. 最後に (4.6) は

$$\partial_t(t(a(x,s)f^s)) = \partial_t(a(x,s+1)ff^s) = -sa(x,s)ff^{s-1},$$
$$t(\partial_t(a(x,s)f^s)) = t\left(-\frac{sa(x,s-1)}{f}f^s\right) = -\frac{(s+1)a(x,s)}{f}f^{s+1}$$

からわかる.

以上によって D_{n+1} における f^s の零化イデアル

$$\mathrm{Ann}_{D_{n+1}}f^s := \{P \in D_{n+1} \mid Pf^s = 0\}$$

を考えることができる. 一方 D_{n+1} の左イデアル

$$I_f := D_{n+1}(t-f) + D_{n+1}(\partial_1 + f_1\partial_t) + \cdots + D_{n+1}(\partial_n + f_n\partial_t)$$

を定義しておこう. ここで $f_i := \partial f/\partial x_i$ である. (4.3) から

$$(t-f)f^s = 0, \qquad (\partial_i + f_i\partial_t)f^s = 0 \quad (i=1,\ldots,n)$$

が成立するので $I_f \subset \mathrm{Ann}_{D_{n+1}}f^s$ であることがわかる.

補題 4.1. $I_f = \mathrm{Ann}_{D_{n+1}}f^s$ が成立する.

証明: $P \in \mathrm{Ann}_{D_{n+1}} f^s$ として $P \in I_f$ を示せばよい. ∂_t の全表象を τ として, D_{n+1} の項順序 $\prec$ であって, 任意の $\alpha \in \mathbb{N}^n$ と $\nu \in \mathbb{N}$ に対して

$$t \succ x^\alpha \tau^\nu, \quad \xi_i \succ x^\alpha \tau^\nu \quad (i=1,\ldots,n)$$

を満たすものを一つ固定しよう (たとえば変数を $t, \partial_1, \ldots, \partial_n, \partial_t, x_1, \ldots, x_n$ の順に並べたときの辞書式順序とすればよい). この順序に関して P を $t-f$, $\partial_i + f_i \partial_t$ $(i=1,\ldots,n)$ で割算して (命題 3.32 を参照)

$$P = Q_0 \cdot (t-f) + \sum_{i=1}^n Q_i \cdot (\partial_i + f_i \partial_t) + R$$

となったとする. 割算の定義により, $\mathrm{LM}_\prec(R)$ は $t = \mathrm{LM}_\prec(t-f)$, $\xi_i = \mathrm{LM}_\prec(\partial_i + f_i \partial_t)$ $(i=1,\ldots,n)$ で割り切れない. 仮定により, t または ξ を含む単項式は, t も ξ も含まない単項式よりも順序 $\prec$ に関して大きい. よって, もし R の全表象が t または ξ を含めば, $\mathrm{LM}_\prec(R)$ も t または ξ を含むことになり矛盾である. 従って, ある非負整数 m があって, R は

$$R = R(x, \partial_t) = \sum_{j=0}^m r_j(x) \partial_t^j \quad (r_j(x) \in K[x])$$

という形で表される. R はまた $\mathrm{Ann}_{D_{n+1}} f^s$ に属するから

$$0 = R f^s = \sum_{j=0}^m (-1)^j r_j(x) s(s-1) \cdots (s-j+1) f^{s-j},$$

すなわち $K[x, f^{-1}, s]$ において

$$\sum_{j=0}^m (-1)^j r_j(x) s(s-1) \cdots (s-j+1) f^{-j} = 0$$

が成立する. 左辺は s について高々 m 次の多項式で s^m の係数は $(-1)^m r_m(x) f^{-m}$ だから, $r_m(x) = 0$ を得る. 以下同様にして s^{m-1}, s^{m-2}, $\ldots$ の係数に着目すれば,

$$r_m(x) = r_{m-1}(x) = \cdots = r_1(x) = r_0(x) = 0,$$

すなわち $R=0$ を得る．よって $P \in I_f$ が示された．(証了)

$D_n[s]$ の元 $P(s)$ は

$$P(s) = \sum_{j=0}^{m} P_j s^j \quad (P_j \in D_n)$$

という形で表される．このとき s に微分作用素 $-\partial_t t = -t\partial_t - 1$ を代入した作用素を

$$P(-\partial_t t) = \sum_{j=0}^{m} P_j (-\partial_t t)^j \in D_{n+1}$$

で表そう．

$$D_n[t\partial_t] := \{P(t\partial_t) \mid P(s) \in D_n[s]\} = \{P(-\partial_t t) \mid P(s) \in D_n[s]\}$$

は D_{n+1} の部分環であり，対応 $-\partial_t t \leftrightarrow s$ (すなわち $t\partial_t \leftrightarrow -s-1$) によって $D_n[s]$ に環として同型である．さらにこの対応は $D_n[s]$ および D_{n+1} の N_f への作用とも両立している．すなわち，任意の $P(s) \in D_n[s]$ に対して

$$P(s)(a(x,s)f^s) = P(-\partial_t t)(a(x,s)f^s) \tag{4.7}$$

が成立する．ここで左辺は $D_n[s]$ の N_f への作用，右辺は D_{n+1} の N_f への作用から定まる N_f の元を表している．(4.7) は，

$$-\partial_t t(a(x,s)f^s) = -\partial_t(a(x,s+1)ff^s) = sa(x,s)f^s$$

から従う．これと補題 4.1 から次の命題を得る．

命題 4.2. $\mathrm{Ann}_{D_n[s]} f^s = \{P(s) \in D_n[s] \mid P(-\partial_t t) \in I_f\}$ が成立する．

この右辺を計算するには D_{n+1} の左イデアル I_f と部分環 $D_n[t\partial_t]$ との共通部分を計算すればよい．この共通部分は $D_n[t\partial_t]$ の左イデアルである．

t の重みを -1, ∂_t の重みを 1, その他の変数 x_i, ∂_i $(i=1,\ldots,n)$ の重みを 0 と定義すると，$D_n[t\partial_t]$ は D_{n+1} の元のうちで重みが 0 のもの全体と一致することに着目して，この共通部分を計算する方法を考えよう．そのために，新たな変数 y_1, y_2 を導入して環 $D_{n+1}[y_1, y_2]$ で考える．この環に対する重みベクトル $w \in \mathbb{Z}^{2n+4}$ を，各成分が

$w:$	変数	x_1	$\cdots$	x_n	t	∂_1	$\ldots$	∂_n	∂_t	y_1	y_2
	重み	0	$\cdots$	0	-1	0	$\cdots$	0	1	-1	1

となるように定義しよう．これを用いて単項式 $y_1^\lambda y_2^\eta x^\alpha t^\mu \partial^\beta \partial_t^\nu$ の重みは $\nu - \mu - \lambda + \eta$ と定義される．$D_{n+1}[y_1, y_2]$ の元 P が同じ重み k の単項式の1次結合として表されるとき，P を (w に関して) 重み k の**斉次元**という (3.2 節を参照)．$D_{n+1}[y_1, y_2]$ の部分環 $D_{n+1}[y_1]$ や D_{n+1} の元が斉次元とは，$D_{n+1}[y_1, y_2]$ の元として斉次元であることとする．$P \in D_{n+1}$ が重み 0 の斉次元とすると，

$$P = \sum_{i=0}^m P_i t^i \partial_t^i \qquad (P_i \in D_n)$$

という形で表される．ここで

$$t^i \partial_t^i = t\partial_t(t\partial_t - 1)\cdots(t\partial_t - i + 1)$$

を用いれば (例 2.7)，$P \in D_n[t\partial_t]$ であることがわかる．逆に $D_n[t\partial_t]$ の任意の元は，重み 0 の斉次元である．

定義 4.3 (斉次化) D_{n+1} の元 $P \neq 0$ を

$$P = \sum_{\mu,\nu \geq 0} P_{\mu\nu} t^\mu \partial_t^\nu \qquad (P_{\mu\nu} \in D_n)$$

と表したとき，$k_0 := \min\{\nu - \mu \mid \mu, \nu \geq 0, P_{\mu\nu} \neq 0\}$ とおいて

$$h(P) := \sum_{\mu,\nu \geq 0} P_{\mu\nu} y_1^{\nu - \mu - k_0} t^\mu \partial_t^\nu$$

を P の**斉次化** (homogenization) と呼ぶ．これは w を D_{n+1} に制限した重みベクトルに関する斉次化 (3.5 節参照) に他ならない．$h(P)$ は $D_{n+1}[y_1]$ の重み k_0 の斉次元である．

3.5 節の結果から，$P, Q \in D_{n+1} \setminus \{0\}$ に対して $h(PQ) = h(P)h(Q)$ が成立する．また，$P_1, \ldots, P_k$ を $D_{n+1} \setminus \{0\}$ の任意の元として $P := P_1 + \cdots + P_k$

とおくと，適当な非負整数 $\ell_0, \ell_1, \ldots, \ell_k$ によって

$$y_1^{\ell_0} h(P) = y_1^{\ell_1} h(P_1) + \cdots + y_1^{\ell_k} h(P_k)$$

が成立する．

定義 4.4. P は D_{n+1} の重み m の斉次元とする．$m \geq 0$ ならば $t^m P$ は重み 0 の斉次元，$m < 0$ ならば $\partial_t^{-m} P$ は重み 0 の斉次元であるから，

$$Q(t\partial_t) = \begin{cases} t^m P & (m \geq 0) \\ \partial_t^{-m} P & (m < 0) \end{cases}$$

を満たす $Q(s) \in D_n[s]$ が存在する．この $Q(s)$ を $\psi(P)(s)$ で表す．

たとえば $P = x_1 t^2 \partial_t + t\partial_1$ は重み -1 の斉次元であり

$$\partial_t P = x_1(t^2 \partial_t^2 + 2t\partial_t) + (t\partial_t + 1)\partial_1 = x_1(t\partial_t)^2 + (\partial_1 + x_1)t\partial_t + \partial_1$$

だから，$\psi(P)(s) = x_1 s^2 + (\partial_1 + x_1)s + \partial_1$ である．

定理 4.5. $t - y_1 f,\ \partial_i + y_1 f_i \partial_t\ (i = 1, \ldots, n),\ 1 - y_1 y_2$ で生成される $D_{n+1}[y_1, y_2]$ の左イデアルを J とする．（これらは w に関する斉次元であることに注意．）$e \in \mathbb{Z}^{2n+4}$ を各成分が

$$e : \begin{array}{c|ccccccccc} \text{変数} & x_1 & \cdots & x_n & t & \partial_1 & \cdots & \partial_n & \partial_t & y_1 & y_2 \\ \hline \text{重み} & 0 & \cdots & 0 & 0 & 0 & \cdots & 0 & 0 & 1 & 1 \end{array}$$

で与えられるような重みベクトルとする．G は J の e 包合基底であって，G の各元は w に関して $D_{n+1}[y_1, y_2]$ の斉次元であるとする．このとき

$$G_0 := \{\psi(P)(-s - 1) \mid P \in G \cap D_{n+1}\}$$

は $D_n[s]$ の左イデアル $\mathrm{Ann}_{D_n[s]} f^s$ の生成系である．

証明: まず $G_0 \subset \mathrm{Ann}_{D_n[s]} f^s$ を示そう. $G \cap D_{n+1}$ の任意の元 P は (w に関する) 斉次元で J に属するから,

$$P = \sum_{i=1}^n Q_i(y_1, y_2) \cdot (\partial_i + y_1 f_i \partial_t)$$
$$+ Q_{n+1}(y_1, y_2) \cdot (t - y_1 f) + Q_{n+2}(y_1, y_2) \cdot (1 - y_1 y_2)$$

を満たす斉次元 $Q_i(y_1, y_2) \in D_{n+1}[y_1, y_2]$ が存在する. P は y_1, y_2 を含まないから, この式の y_1, y_2 に 1 を代入して

$$P = \sum_{i=1}^n Q_i(1,1) \cdot (\partial_i + f_i \partial_t) + Q_{n+1}(1,1) \cdot (t - f)$$

を得る. よって P は I_f に属する. $\psi(P)(t\partial_t)$ は P に左側から t または ∂_t の巾を掛けたものだから, $\psi(P)(t\partial_t)$ も I_f に属する. 従って $\psi(P)(-s-1)f^s = \psi(P)(t\partial_t)f^s = 0$ であり, $G_0 \subset \mathrm{Ann}_{D_n[s]} f^s$ が示された.

逆に $P(s)$ を $\mathrm{Ann}_{D_n[s]} f^s$ の任意の元とすると, $P(-\partial_t t) \in I_f$ だから適当な $Q_1, \ldots, Q_{n+1} \in D_{n+1}$ によって

$$P(-t\partial_t - 1) = \sum_{i=1}^n Q_i \cdot (\partial_i + f_i \partial_t) + Q_{n+1} \cdot (t - f)$$

と表される. $P(-t\partial_t - 1)$ は斉次元であることに注意して両辺を斉次化すれば,

$$y_1^{\ell_0} P(-t\partial_t - 1) = \sum_{i=1}^n y_1^{\ell_i} h(Q_i) \cdot (\partial_i + y_1 f_i \partial_t) + y_1^{\ell_{n+1}} h(Q_{n+1}) \cdot (t - y_1 f)$$

が成り立つような非負整数 $\ell_0, \ell_1, \ldots, \ell_{n+1}$ が存在する. 従って $y_1^{\ell_0} P(-t\partial_t - 1)$ は J に属する. さらに

$$P(-t\partial_t - 1) = (1 - (y_1 y_2)^{\ell_0}) P(-t\partial_t - 1) + (y_1 y_2)^{\ell_0} P(-t\partial_t - 1)$$
$$= P(-t\partial_t - 1) \cdot (1 + y_1 y_2 + \cdots + (y_1 y_2)^{\ell_0 - 1})(1 - y_1 y_2)$$
$$+ y_2^{\ell_0} (y_1^{\ell_0} P(-t\partial_t - 1))$$

と変形して, $P(-t\partial_t - 1)$ 自身が J に属することがわかる.

$G = \{P_1,\ldots,P_k,P_{k+1},\ldots,P_r\}$ で，$P_1,\ldots,P_k$ は D_{n+1} に属し，$P_{k+1},\ldots,P_r$ は D_{n+1} に属さない (つまり y_1 または y_2 を含む) としよう．P と $P_1,\ldots,P_r$ はすべて斉次元で G は e 包合基底だから，D_{n+1} の (w に関する) 斉次元 $U_1,\ldots,U_r$ があって

$$P(-t\partial_t - 1) = U_1 P_1 + \cdots + U_r P_r,$$
$$\mathrm{ord}_e(U_i P_i) \le \mathrm{ord}_e(P(-t\partial_t - 1)) = 0 \quad (i=1,\ldots,r)$$

が成立する．後の不等式は $U_i \ne 0$ ならば U_i, P_i は D_{n+1} に属することを意味するから，$U_{k+1} = \cdots = U_r = 0$ である．そこで $i = 1,\ldots,k$ とすると，$\mathrm{ord}_w(P(-t\partial_t - 1)) = 0$ だから，$m_i := \mathrm{ord}_w(P_i)$ とおくと $\mathrm{ord}_w(U_i) = -m_i$ としてよい．従って $m_i \ge 0$ ならば $U_i = U_i'(t\partial_t)t^{m_i}$，$m_i < 0$ ならば $U_i = U_i'(t\partial_t)\partial_t^{-m_i}$ と表せるような $U_i'(s) \in D_n[s]$ が存在する．これを $U_i = U_i'(t\partial_t)S_i$ と書くと，以上によって

$$P(-t\partial_t - 1) = U_1'(t\partial_t)S_1 P_1 + \cdots + U_k'(t\partial_t)S_k P_k$$
$$= U_1'(t\partial_t)\psi(P_1)(t\partial_t) + \cdots + U_k'(t\partial_t)\psi(P_k)(t\partial_t),$$

すなわち

$$P(s) = U_1'(-s-1)\psi(P_1)(-s-1) + \cdots + U_k'(-s-1)\psi(P_k)(-s-1)$$

を得る．従って G_0 は $\mathrm{Ann}_{D_n[s]} f^s$ の生成系である．(証了)

$\prec$ を $D_{n+1}[y_1,y_2]$ の任意の項順序として，項順序 $\prec_e$ に関して J の最初の生成系に Buchberger アルゴリズムを適用すれば，J の e 包合基底であって，w に関する斉次元からなるものが得られるから，この定理によって，与えられた $f \in K[x]$ に対して $\mathrm{Ann}_{D_n[s]} f^s$ の生成系を計算するアルゴリズムが得られたことになる．

例 4.6. $n = 1, f = x_1$ とする．$\prec$ を $\xi_1 \succ \tau \succ x_1 \succ t \succ y_1 \succ y_2$ を満たす全次数辞書式順序としたときの $\prec_e$ に関する

$$J := D_1[y_1,y_2](t - y_1 x_1) + D_1[y_1,y_2](\partial_1 + y_1 \partial_t) + D_1[y_1,y_2](1 - y_1 y_2)$$

のグレブナー基底として (下線部は主項)

$$\underline{y_1y_2}-1, \quad \underline{y_1\partial_t}+\partial_1, \quad \underline{x_1y_1}-t,$$
$$\underline{y_2\partial_1}+\partial_t, \quad \underline{x_1\partial_1}+t\partial_t+1, \quad \underline{ty_2}-x_1$$

を得る．これらのうち y_1, y_2 を含まないものは $P := x_1\partial_1 + t\partial_t + 1$ のみであり，$\psi(P)(s) = x_1\partial_1 + s + 1$ であるから，$\mathrm{Ann}_{D_1[s]} x_1^s$ は $\psi(P)(-s-1) = x_1\partial_1 - s$ で生成される．

例 4.7. $n = 2$, $f = x_1^2 - x_2^3$ のとき，$\mathrm{Ann}_{D_2[s]} f^s$ は

$$2x_1\partial_2 + 3x_2^2\partial_1, \quad 2x_2\partial_2 + 3x_1\partial_1 - 6s$$

で生成される．

例 4.8. $n = 3$, $f = x_1^3 - x_2^2 x_3^2$ のとき，$\mathrm{Ann}_{D_3[s]} f^s$ は

$$3x_1^2\partial_3^2 + 2x_2^3\partial_1\partial_2 + 2x_2^2\partial_1, \quad 3x_1^2\partial_2 + 2x_2 x_3^2\partial_1,$$
$$3x_1^2\partial_3 + 2x_2^2 x_3\partial_1, \qquad\qquad 3x_2\partial_2 + 2x_1\partial_1 - 6s,$$
$$x_3\partial_3 - x_2\partial_2$$

で生成される．

問題 4.1. $u \in N_f$ に対して (4.2) を示せ．

問題 4.2. $(t-f)f^s = 0$, $(\partial_i + f_i \partial_t)f^s = 0$ $(i = 1, \ldots, n)$ を示せ．

問題 4.3. (1) 写像 $N_f \ni u \mapsto tu \in N_f$ は単射であることを示せ．
(2) $u \in N_f$ と $P(s) \in D_n[s]$ に対して，$t(P(s)u) = P(s+1)t(u)$ が成り立つことを示せ．
(3) $P(s) \in D_n[s]$ と $b(s) \in K[s]$ に対して，$P(s)f^{s+1} = b(s)f^s$ ならば任意の整数 ν について $P(s+\nu)f^{s+\nu+1} = b(s+\nu)f^{s+\nu}$ が成り立つことを示せ．(ヒント: $\nu \geq 0$ のときは両辺に t^ν を作用させ，$\nu < 0$ のときは (1) の単射性を用いる．)

4.2 b 関 数

定数でない多項式 $f \in K[x]$ に対して

$$B_f := \{b(s) \in K[s] \mid b(s)f^s \in D_n[s]f^{s+1}\}$$

とおこう. $K[s] \subset D_n[s]$ だから, B_f は一変数多項式環 $K[s]$ のイデアルになることがわかる. B_f は 0 以外の元を含むことが知られている (b 関数の存在定理). そこで B_f の 0 でない元のうちで次数が最小のものを $b_f(s)$ と書いて, f の b 関数あるいは佐藤–ベルンステイン多項式と呼ぶ. これは佐藤幹夫により最初に定義されたが, 後に J. Bernstein が独立に定義し鮮やかな存在証明を与えた (参考文献 [H1] の 5 章を参照). $b_f(s)$ をモニック (最高次の係数が 1) になるようにとれば $b_f(s)$ は f から一意的に定まる. 定義から $b_f(s)$ は, ある $P(s) \in D_n[s]$ があって

$$P(s)f^{s+1} = b(s)f^s \tag{4.8}$$

が成立するような 0 でない $b(s) \in K[s]$ のうち次数が最小のものである.

b 関数が導入された背景の一つとして, 超関数 f_+^s の解析接続の話を簡単に説明しておこう (これはそれ以降を読むのには不要である). $K = \mathbb{C}$ として f を実数係数の n 変数多項式とする. s を複素数を動くパラメータと見なして,

$$f(x)_+^s := \begin{cases} f(x)^s & (f(x) > 0) \\ 0 & (f(x) \leq 0) \end{cases}$$

とおく. $\varphi \in C^\infty(\mathbb{R}^n)$ が急減少, すなわち任意の $P \in D_n$ に対して $P\varphi$ が有界であるとして,

$$F(s) := \int_{\mathbb{R}^n} f(x)_+^s \varphi(x)\, dx$$

とおくと, $F(s)$ は右半平面 $\operatorname{Re} s > 0$ で正則な関数となることがわかる. このとき (4.8) から $\operatorname{Re} s$ が十分大きいとき

$$\begin{aligned}
F(s) &= \frac{1}{b_f(s)} \int_{\mathbb{R}^n} (P(s)f_+^{s+1}(x))\varphi(x)\, dx \\
&= \frac{1}{b_f(s)} \int_{\mathbb{R}^n} f_+^{s+1}(x) P(s)^* \varphi(x)\, dx
\end{aligned}$$

が成立する ($P(s)^*$ は $P(s)$ の随伴作用素) ので，一致の定理から $F(s)$ は $b_f(s) = 0$ となる s を除いて $\mathrm{Re}\, s > -1$ で正則になることがわかる．この操作を続けると，$b_f(s) = 0$ を満たす s を $s = \lambda_1, \ldots, \lambda_k$ とすれば，$F(s)$ は複素平面から，$\lambda_j - \nu$ $(j = 1, \ldots, k, \nu = 0, 1, 2, \ldots)$ という点を除いたところで正則となり，これらの除外点は $F(s)$ の (高々) 極であることがわかる．

さて $b_f(s)$ を計算するアルゴリズムを考察しよう．まず (4.8) は

$$b(s) - P(s)f \in \mathrm{Ann}_{D_n[s]} f^s$$

と同値であることに注意すれば，

$$b(s) \in B_f \iff b(s) \in \mathrm{Ann}_{D_n[s]} f^s + D_n[s] f$$

すなわち

$$B_f = (\mathrm{Ann}_{D_n[s]} f^s + D_n[s] f) \cap K[s]$$

であることがわかる．$\mathrm{Ann}_{D_n[s]} f^s$ の生成系を G とすれば，$G_1 := G \cup \{f\}$ が $D_n[s]$ の左イデアル $\mathrm{Ann}_{D_n[s]} f^s + D_n[s] f$ の生成系となる．これと $K[s]$ の共通部分は次のように消去法 (命題 3.19) で求められる．

命題 4.9. $D_n[s]$ の重みベクトル $e \in \mathbb{Z}^{2n+1}$ を，$x_1, \ldots, x_n, \partial_1, \ldots, \partial_n$ に対応する成分はすべて正, s に対応する成分は 0 となるように定義する．G_1 を上記のようにおいて，G_1 の生成する $D_n[s]$ の左イデアルの e 包合基底を G_2 とすると，$G_2 \cap K[s]$ は B_f の生成系である．特に $G_2 \cap K[s]$ の 0 でない次数最小の元が (定数倍を除いて) $b_f(s)$ である．

この消去法の計算をグレブナー基底を用いて行えば，$P(s) f^{s+1} = b_f(s) f^s$ を満たす $P(s) \in D_n[s]$ も次のようにして求めることができる: $\{P_1(s), \ldots, P_k(s)\}$ を $\mathrm{Ann}_{D_n[s]} f^s$ の生成系とする．$\prec$ を $D_n[s]$ の任意の項順序とすると，命題 4.9 の重みベクトル e から定義される項順序 $\prec_e$ に関する $\mathrm{Ann}_{D_n[s]} f^s + D_n[s] f$ のグレブナー基底は $b_f(s)$ (の定数倍) を含み，この計算の過程で

$$b_f(s) = Q_1(s) P_1(s) + \cdots + Q_k(s) P_k(s) + P(s) f$$

を満たす $Q_1(s),\ldots,Q_k(s), P(s) \in D_n[s]$ が求まる．このとき定義から $P(s)f^{s+1} = b_f(s)f^s$ が成り立つ．もちろんこのような $P(s)$ は一意的でなく，$P(s)$ に $\mathrm{Ann}_{D_n[s]}f^{s+1}$（$\mathrm{Ann}_{D_n[s]}f^s$ の生成系の各元の s に $s+1$ を代入したもので生成される）の元を加えても同じ関係式が成立する．

例 4.10. $n=1, f=x_1$ とすると，例 4.6 より，$\mathrm{Ann}_{D_1[s]}x_1^s$ は $x_1\partial_1 - s$ で生成される．$\prec$ を $\xi_1 \succ s^i, x_1 \succ s^i$ $(i=0,1,2,\ldots)$ を満たすような項順序とすると，$x_1\partial_1 - s$ と x_1 の生成するイデアルの $\prec$ に関するグレブナー基底は $\{x_1, s+1\}$ となるから，x_1 の b 関数は $s+1$ である．その際 S 式の計算から
$$s+1 = -(x_1\partial_1 - s) + \partial_1 x_1$$
となるので，$P(s) = \partial_1$ ととれることもわかる．

例 4.11. $n=2, f=x_1^2 - x_2^3$ のとき，
$$b_f(s) = (s+1)\left(s+\frac{5}{6}\right)\left(s+\frac{7}{6}\right).$$
また上記の方法を用いると，
$$P(s) := \frac{1}{12}x_2\partial_1^2\partial_2 - \frac{1}{27}\partial_2^3 + \frac{2s+3}{8}\partial_1^2$$
は $P(s)f^{s+1} = b_f(s)f^s$ を満たすことがわかる．

例 4.12. $n=3, f=x_1^3 - x_2^2 x_3^2$ のとき，
$$b_f(s) = (s+1)\left(s+\frac{4}{3}\right)\left(s+\frac{5}{3}\right)\left(s+\frac{5}{6}\right)^2\left(s+\frac{7}{6}\right)^2.$$

b 関数の応用として，定数 $a \in K$ が与えられたとき f^a という関数を考えよう．正確に言えば
$$N_f(a) := K[x, f^{-1}]f^a = \left\{\frac{c(x)}{f^\nu}f^a \;\middle|\; c(x) \in K[x], \nu \in \mathbb{N}\right\}$$
とおく．$N_f(a)$ は $K[x]$ 加群であるが，自然な作用（すなわち ∂_i の N_f へ

の作用で $s = a$ としたもの) で左 D_n 加群となる．特に a が整数の場合は $N_f(a) = K[x, f^{-1}]$ である．

さて，f^a の零化イデアル

$$\mathrm{Ann}_{D_n} f^a := \{P \in D_n \mid P f^a = 0\}$$

を求めることを考えよう．結論から言えば，f^s の零化イデアルを求めて $s = a$ を代入すれば「ほとんどの場合」正しい結果が得られる．正確な条件は以下のように b 関数で記述されるのである．

定理 4.13 (柏原) $f \in K[x]$ を定数でない多項式として，その b 関数を $b_f(s)$ とする．$G = \{P_1(s), \ldots, P_k(s)\}$ を $\mathrm{Ann}_{D_n[s]} f^s$ の生成系とする．$a \in K$ が

$$b_f(a - \nu) \neq 0 \quad (\forall \nu = 1, 2, 3, \ldots) \tag{4.9}$$

を満たせば

$$G|_{s=a} := \{P_1(a), \ldots, P_k(a)\}$$

は $\mathrm{Ann}_{D_n} f^a$ の生成系である．

証明: D_n の $N_f(a)$ への作用の定義から，$Q(s) \in D_n[s]$ が $Q(s) f^s = 0$ を満たせば $Q(a) f^a = 0$ であるから $G|_{s=a} \subset \mathrm{Ann}_{D_n} f^a$ が成立する．逆に $Q \in \mathrm{Ann}_{D_n} f^a$ とすると

$$Q f^s = \frac{c(x, s)}{f^\nu} f^s \quad (c(x, s) \in K[x, s], \nu \in \mathbb{N}) \tag{4.10}$$

という形に書けるが，

$$0 = Q f^a = \frac{c(x, a)}{f^\nu} f^a$$

より $c(x, a) = 0$ である．従って，ある $d(x, s) \in K[x, s]$ があって $c(x, s) = (s - a) d(x, s)$ と書ける．一方 b 関数の定義から

$$P(s) f^{s+1} = b_f(s) f^s \tag{4.11}$$

を満たす $P(s) \in D_n[s]$ が存在する．この式の s に $s - \nu$ を代入して

4.2 b 関 数

$$P(s-\nu)f^{s-\nu+1} = b_f(s-\nu)f^{s-\nu}$$

を得る (問題 4.3 を参照). これと (4.10) から

$$b_f(s-\nu)Qf^s = c(x,s)P(s-\nu)f^{s-\nu+1}.$$

以下同様に (4.11) の s に $s-\nu+1,\ldots,s-1$ を代入した式を用いると, $b_f(s-\nu)$ が $D_n[s]$ の元と可換であることを用いて

$$b_f(s-1)\cdots b_f(s-\nu)Qf^s = c(x,s)P(s-\nu)\cdots P(s-1)f^s$$

を得る. $b(s) := b_f(s-1)\cdots b_f(s-\nu)$ とおけば, これは

$$R(s) := b(s)Q - c(x,s)P(s-\nu)\cdots P(s-1) \in \mathrm{Ann}_{D_n[s]} f^s$$

を意味する. ある $e(s) \in K[s]$ によって

$$b(s) - b(a) = (s-a)e(s)$$

と書けるから, 以上をまとめて

$$\begin{aligned}b(a)Q &= b(s)Q - (b(s)-b(a))Q \\ &= R(s) + (s-a)d(x,s)P(s-\nu)\cdots P(s-1) - (s-a)e(s)Q.\end{aligned}$$

$R(s) \in \mathrm{Ann}_{D_n[s]} f^s$ だから, ある $U_1(s),\ldots,U_k(s) \in D_n[s]$ によって

$$R(s) = U_1(s)P_1(s) + \cdots + U_k(s)P_k(s)$$

と書ける. また, 仮定によって $b(a) = b_f(a-1)\cdots b_f(a-\nu) \neq 0$ だから, Q が s によらないことに注意して

$$Q = \frac{1}{b(a)}\sum_{j=1}^{k} U_j(a)P_j(a)$$

を得る. よって $G|_{s=a}$ は $\mathrm{Ann}_{D_n} f^a$ の生成系である. (証了)

たとえば $f \in \mathbb{Q}[x]$ のとき, b 関数の計算法より $K = \mathbb{Q}$ としたときの $b_f(s)$ と $K = \mathbb{C}$ としたときの $b_f(s)$ は一致することがわかる. 従って $a \in \mathbb{C}$ に対してもこの定理は成立する.

命題 4.14. $a \in K$ が条件 (4.9) を満たせば, $K[x, f^{-1}]f^a$ は左 D_n 加群として f^a で生成される. すなわち左 D_n 加群として

$$K[x, f^{-1}]f^a \simeq D_n/\mathrm{Ann}_{D_n} f^a$$

である.

証明: 任意の正整数 ν に対して $f^{a-\nu}$ が $D_n f^a$ に属することを示せば十分である.

$$P(s)f^{s+1} = b_f(s)f^s$$

を満たす $P(s)$ を用いると

$$\begin{aligned}
f^{a-\nu} &= \frac{1}{b_f(a-\nu)} P(a-\nu) f^{a-\nu+1} \\
&= \cdots \\
&= \frac{1}{b_f(a-\nu)\cdots b_f(a-1)} P(a-\nu)P(a-\nu+1)\cdots P(a-1) f^a
\end{aligned}$$

と書き換えられるから $f^{a-\nu}$ は $D_n f^a$ に属する. これと準同型定理から後半の主張が従う. (証了)

$K[x, f^{-1}]$ は多項式環 $K[x]$ の f による局所化とも呼ばれる. これは微分作用素の自然な作用によって左 D_n 加群となる. 以上の応用として $K[x, f^{-1}]$ の左 D_n 加群としての具体的な表示を求めることができる.

系 4.15. 定数でない多項式 $f \in K[x]$ の b 関数を $b_f(s)$ とする. k_0 を $b_f(k) = 0$ を満たす最小の整数とする (もしなければ $k_0 = 0$ とする). このとき左 D_n 加群として $K[x, f^{-1}]$ は f^{k_0} で生成される. 従って $K[x, f^{-1}] \simeq D_n/\mathrm{Ann}_{D_n} f^{k_0}$ である.

証明: 命題 4.14 において $a = k_0$ とすれば $K[x, f^{-1}] = K[x, f^{-1}]f^{k_0}$ は左 D_n 加群として f^{k_0} で生成されることがわかる. (上記の等式は両辺の定義から従う.) (証了)

ここで k_0 は条件 (4.9) を満たすから, $\mathrm{Ann}_{D_n} f^{k_0}$ は今までに説明した方法で計算できることに注意しておこう.

例 4.16. $n=1$, $f=x_1$ のとき $b_f(s)=s+1$ だから, $a \neq 0,1,2,\ldots$, ならば $\mathrm{Ann}_{D_1} x_1^a$ は $x_1\partial_1 - a$ で生成される. 特に $K[x_1, x_1^{-1}]$ は左 D_1 加群として x_1^{-1} で生成され, $K[x_1, x_1^{-1}] \simeq D_1/D_1(x_1\partial_1 + 1)$ である.

例 4.17. $n=2$, $f=x_1^2 - x_2^3$ のとき, $b_f(-1-\nu) \neq 0$ ($\nu=1,2,3,\ldots$) だから, 左 D_2 加群として $K[x, f^{-1}]$ は f^{-1} で生成され,

$$K[x, f^{-1}] \simeq D_2/(D_2(2x_1\partial_2 + 3x_2^2\partial_1) + D_2(2x_2\partial_2 + 3x_1\partial_1 + 6)).$$

問題 4.4. 例 4.11 において, $P(s)f^{s+1} = b_f(s)f^s$ が成立することを確かめよ (数式処理を用いてもよい).

問題 4.5. m が非負整数のとき, $\mathrm{Ann}_{D_1} x_1^m$ は $x_1\partial_1 - m$ では生成されないことを示せ. (実は $\mathrm{Ann}_{D_1} x_1^m$ は $x_1\partial_1 - m$ と ∂_1^{m+1} で生成される.)

4.3 局所 b 関数と準素イデアル分解

幾何学的には b 関数は $f(x)=0$ で定義される超曲面の特異性を表している. 従ってこの観点からは本来 $f(x)=0$ を満たす点 x ごとに定義されるべき量である. 佐藤・柏原による解析的な b 関数がそれである. ここではそれと同等な代数的な定義を与えておこう.

定義 4.18 (局所 b 関数) $K=\mathbb{C}$ とする. $f \in \mathbb{C}[x]\setminus\{0\}$ と $p=(p_1,\ldots,p_n) \in \mathbb{C}^n$ に対して

$$P(s)f^{s+1} = c(x)b(s)f^s \quad かつ \quad c(p) \neq 0 \qquad (4.12)$$

を満たす $c(x) \in \mathbb{C}[x]$ と $P(s) \in D_n[s]$ が存在するような $0 \neq b(s) \in \mathbb{C}[s]$ のうち次数が最小のものを, 点 p における f の**局所 b 関数**といい, $b_f(s,p)$ で表す.

f の b 関数 $b_f(s)$ はすべての $p \in \mathbb{C}^n$ に対して $c(x) = 1$ として式 (4.12) を満たすから $b_f(s,p)$ は $b_f(s)$ の約数であることがわかる．特に $f(p) \neq 0$ ならば，$b(s) = 1$, $P(s) = 1$, $c(x) = f(x)$ として (4.12) が成立するから，$b_f(s,p) = 1$ である．$f(p) = 0$ のときは，もし f が p で非特異，すなわち $(\partial f/\partial x_i)(p) \neq 0$ となるような i があれば，$b_f(s,p) = s + 1$ であることが知られている．

さてこの局所 b 関数の計算法を考えよう．一点 p を与えて $b_f(s,p)$ を計算するよりもむしろ，すべての $p \in \mathbb{C}^n$ に対する $b_f(s,p)$ を「一気に」求める，つまり写像

$$\mathbb{C}^n \ni p \mapsto b_f(s,p) \in \mathbb{C}[s]$$

を具体的に表示することを目標にしよう．この問題は多項式環の準素イデアル分解を用いて解決される．(p が与えられたときに $b_f(s,p)$ を求めることなら，準素イデアル分解なしにできる．) まず，そのために必要な言葉をいくつか定義しておこう．

定義 4.19 (準素イデアル) 体 K 上の n 変数多項式環 $K[x] = K[x_1, \ldots, x_n]$ のイデアル Q が**準素イデアル** (primary ideal) とは，$f, g \in K[x]$ とするとき，$fg \in Q$ かつ $f \notin Q$ ならば，ある正の整数 ν があって $g^\nu \in Q$ となることである．

一変数多項式環のイデアル Q が準素イデアルであるための条件は，Q が既約多項式の巾で生成されることである．

定義 4.20 (根基) 多項式環 $K[x]$ のイデアル I に対して，

$$\sqrt{I} := \{f \in K[x] \mid f^\nu \in I \quad (\exists \nu \in \mathbb{N})\}$$

はまた $K[x]$ のイデアルになる．これを I の**根基** (radical) という．

定義 4.21 (準素分解) I を多項式環 $K[x]$ のイデアルとする．$K[x]$ のいくつかの準素イデアル $Q_1, \ldots, Q_r$ があって

$$I = Q_1 \cap \cdots \cap Q_r \tag{4.13}$$

と表されるとき, これを I の**準素分解** (primary decomposition) という. さらに $Q_1, \ldots, Q_r$ の根基がすべて相異なり, かつすべての $i = 1, \ldots, r$ について $Q_i \not\supset \bigcap_{j \neq i} Q_j$ が成り立つとき, (4.13) を無駄のない準素分解と呼ぶ.

I が一変数多項式環のイデアルとすると, I はある多項式 f で生成される. $f = f_1^{m_1} \cdots f_r^{m_r}$ を既約分解とすると, $\sqrt{I}$ は f の無平方部分 $f_1 \cdots f_r$ の生成するイデアルである. また, $f_i^{m_i}$ の生成するイデアルを Q_i とすれば, $I = Q_1 \cap \cdots \cap Q_r$ は I の無駄のない準素分解である. 一般の多項式環のイデアル I に対して, その無駄のない準素分解が存在することが知られている.

さて与えられた n 変数多項式 $f(x) \in K[x]$ に対して, その局所 b 関数を計算するアルゴリズムを考察しよう. 以下では $K \subset \mathbb{C}$ で f は定数でないと仮定する. まず, 一般に $K[x, s]$ のイデアル Q と $p \in K^n$ に対して

$$B(Q, p) := \{b(s) \in K[s] \mid c(x)b(s) \in Q \text{ かつ } c(p) \neq 0$$
$$\text{を満たす } c(x) \in K[x] \text{ が存在する}\}$$

とおこう. これは $K[s]$ のイデアルである.

補題 4.22. Q_1, Q_2 を $K[x, s]$ のイデアルとすると, 任意の $p \in K^n$ に対して

$$B(Q_1, p) \cap B(Q_2, p) = B(Q_1 \cap Q_2, p).$$

証明: $b(s) \in K[s]$ が左辺に属せば, $c_i(x)b(s) \in Q_i$ かつ $c_i(p) \neq 0$ $(i = 1, 2)$ を満たす $c_1(x), c_2(x) \in K[x]$ が存在する. このとき $c_1(x)c_2(x)b(s) \in Q_1 \cap Q_2$ であるから, $b(s)$ は $B(Q_1 \cap Q_2, p)$ に属する. 従って $B(Q_1, p) \cap B(Q_2, p) \subset B(Q_1 \cap Q_2, p)$ である. 逆向きの包含関係は $Q_i \supset Q_1 \cap Q_2$ $(i = 1, 2)$ から従う. (証了)

一般に $K[x]$ のイデアル I の (K 上の) **零点集合**を

$$\mathbf{V}_K(I) := \{p \in K^n \mid g(p) = 0 \quad (\forall g(x) \in I)\}$$

で定義しよう. 定義から $\mathbf{V}_K(I) = \mathbf{V}_K(\sqrt{I})$ が成立する.

命題 4.23. Q を $K[x,s]$ の準素イデアルとする. $p \in K^n$ に対して,

$$p \in \mathbf{V}_K(Q \cap K[x]) \quad \Rightarrow \quad B(Q,p) = Q \cap K[s],$$

$$p \notin \mathbf{V}_K(Q \cap K[x]) \quad \Rightarrow \quad B(Q,p) = K[s].$$

証明: $p \in \mathbf{V}_K(Q \cap K[x])$ とする. $b(s) \in B(Q,p)$ ならば $c(x)b(s) \in Q$ かつ $c(p) \neq 0$ を満たす $c(x) \in K[x]$ が存在する. ここで $b(s) \notin Q$ と仮定すると, Q は準素イデアルだから, ある正整数 ν があって $c(x)^\nu \in Q$ となる. すると p は $Q \cap K[x]$ の零点集合に属するから $c(p)^\nu = 0$, すなわち $c(p) = 0$ でなければならないが, これは矛盾である. よって $b(s) \in Q$ である. これで $B(Q,p) \subset Q \cap K[s]$ が示された. 逆の包含関係は $B(Q,p)$ の定義から明らかである.

次に $p \notin \mathbf{V}_K(Q \cap K[x])$ とすると, 定義によって $c(p) \neq 0$ を満たす $c(x) \in Q \cap K[x]$ が存在する. 従って $1 \in B(Q,p)$ となる. すなわち $B(Q,p) = K[s]$ である. (証了)

さて与えられた多項式 $f \in K[x]$ に対して

$$J_f := (\mathrm{Ann}_{D_n[s]} f^s + D_n[s]f) \cap K[x,s]$$

とおこう. J_f は $n+1$ 変数多項式環 $K[x,s]$ のイデアルであり, 4.1 節の方法で $\mathrm{Ann}_{D_n[s]} f^s$ の生成系を求めれば, それから消去法で計算できる.

$$P(s)f^{s+1} = c(x)b(s)f^s \quad \Leftrightarrow \quad c(x)b(s) \in J_f$$

より, $K = \mathbb{C}$ のときは, $b_f(s,p)$ は $B(J_f,p)$ の生成元であることがわかる.

$$J_f = Q_1 \cap \cdots \cap Q_r \tag{4.14}$$

を J_f の $K[x,s]$ における準素分解としよう. 上の補題と命題を用いて $p \in K^n$ に対して

$$B(J_f,p) = \bigcap_{i=1}^r B(Q_i,p) = \bigcap_{i \in S(p)} (Q_i \cap K[s]), \tag{4.15}$$

$$S(p) := \{i \in \{1,\ldots,r\} \mid p \in \mathbf{V}_K(Q_i \cap K[x])\}$$

を得る. まずは $K = \mathbb{C}$ として以上の議論を適用しよう. このときは定義から, $B(J_f, p)$ は $b_f(s, p)$ で生成される. J_f の $\mathbb{C}[x, s]$ における準素分解 (4.14) が計算できれば, (4.15) により, $B(J_f, p)$ の 0 でない元のうち次数最小のものとして, $b_f(s, p)$ が決まる.

しかし一般には $\mathbb{C}[x, s]$ における準素分解の計算は困難である. 一方少なくとも $\mathbb{Q}[x, s]$ における (つまり有理数体上の) 準素イデアル分解は何通りかのアルゴリズムが知られており, 実際の計算ができる数式処理ソフトもある. そこで, 以下では $f(x)$ が有理係数であると仮定して, $K = \mathbb{Q}$ の場合の J_f の準素分解 (4.14) がわかっているとしよう. このとき, すべての $p \in \mathbb{C}^n$ に対して $b_f(s, p)$ を求めることを考えよう.

定理 4.24. $K = \mathbb{Q}$ として $b_f(s) \in \mathbb{Q}[s]$ が $\mathbb{Q}[s]$ において 1 次式の積に既約分解されると仮定する. (4.14) を $\mathbb{Q}[x, s]$ における J_f の準素分解とする. このとき任意の $p \in \mathbb{C}^n$ について, $b_f(s, p)$ は $\mathbb{Q}[s]$ のイデアル

$$B(J_f, p) := \{b(s) \in \mathbb{Q}[s] \mid c(x)b(s) \in J_f \text{ かつ } c(p) \neq 0$$
$$\text{を満たす } c(x) \in \mathbb{Q}[x] \text{ が存在する }\}$$

の生成元である.

証明: $f \in \mathbb{Q}[x]$ であるから前節の $b_f(s)$ の計算はすべて $K = \mathbb{Q}$ として遂行できるが, これは $K = \mathbb{C}$ と見なして計算したのと同じことである. 従ってこの場合, $b_f(s)$ は $K = \mathbb{Q}$ としても $K = \mathbb{C}$ としても同じとしてよい. さて $p \in \mathbb{C}^n$, $K = \mathbb{C}$ として $B(J_f, p)$ の定義を用いれば, $b_f(s, p)$ は $\mathbb{C}[s]$ において $b_f(s)$ の約数であることがわかる. $b_f(s)$ は $\mathbb{Q}[s]$ において 1 次式の積に分解されるから, その約数として, $b_f(s, p)$ の係数は有理数にとれる.

$b_f(s, p)$ の定義から

$$P(s)f^{s+1} = c(x)b_f(s, p)f^s \tag{4.16}$$

かつ $c(p) \neq 0$ を満たす $c(x) \in \mathbb{C}[x]$ と $P(s) \in D_n[s]$ ($K = \mathbb{C}$ のときの) が存在する. さて $\mathbb{C}$ は通常の積によって $\mathbb{Q}$ 上のベクトル空間とみなせるので, $\mathbb{Q}$

上の線形写像 $\pi : \mathbb{C} \to \mathbb{Q}$ で, 任意の $q \in \mathbb{Q}$ に対して $\pi(q) = q$ を満たすもの (つまり $\mathbb{C}$ から $\mathbb{Q}$ への射影) が存在する. ($\mathbb{C}$ は $\mathbb{Q}$ 上無限次元なので正確にはツォルンの補題が必要.) このとき, (4.16) において, 適当な複素数を両辺に掛ければ, $\pi(c(p)) \neq 0$ と仮定できる. $P(s)$ の各係数に π を作用させたものを $\pi(P(s))$ で表せば, (4.16) の両辺に π を施して

$$\pi(P(s))f - \pi(c(x))b_f(s,p) \in \mathrm{Ann}_{D_n[s]}f^s$$

を得る. ここで $\mathrm{Ann}_{D_n[s]}f^s$ は $K = \mathbb{Q}$ で考えたものである. $\pi(c(p)) \neq 0$ だから, この式は $b_f(s,p)$ が $K = \mathbb{Q}$ の場合の $B(J_f, p)$ に属することを意味する. $K = \mathbb{C}$ の場合の $B(J_f, p)$ の生成元が $b_f(s,p)$ であったから, 以上のことと合わせて結局 $b_f(s,p) \in \mathbb{Q}[s]$ は $K = \mathbb{Q}$ の場合の $B(J_f, p)$ の生成元であることが示された. (証了)

補題 4.22 と命題 4.23 は $p \in \mathbb{C}^n$, $K = \mathbb{Q}$ とした場合でもそのまま成り立つから, この場合でも $B(J_f, p)$ は $K = \mathbb{Q}$ のときの (4.15) で計算できる. ただし $S(p)$ の定義中の $\mathbf{V}_K(Q_i \cap K[x[)$ を

$$\mathbf{V}_{\mathbb{C}}(Q_i \cap \mathbb{Q}[x]) := \{p \in \mathbb{C}^n \mid g(p) = 0 \quad (\forall g(x) \in Q_i \cap \mathbb{Q}[x])\}$$

で置き換えるものとする.

実は $b(s) = 0$ を満たす s はすべて負の有理数であることが知られているので (柏原の定理, 文献 [K] の 6 章), 上記の定理の仮定は常に満たされる. 従って, こうして求めた $B(J_f, p)$ の生成元が $b_f(s,p)$ である.

例 4.25. $K = \mathbb{Q}, n = 3, f = x_1^3 - x_2^2 x_3^2$ のとき, J_f の $\mathbb{Q}[x,s]$ における無駄のない準素分解は

$$J_f = Q_1 \cap Q_2 \cap \cdots \cap Q_9,$$

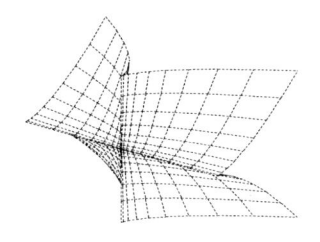

図 4.1 曲面 $x_1^3 - x_2^2 x_3^2 = 0$

$Q_1 = \langle 6s+5, x_3, x_1 \rangle, \qquad Q_2 = \langle 6s+5, x_2, x_1 \rangle,$
$Q_3 = \langle s+1, x_2^2 x_3^2 - x_1^3 \rangle, \qquad Q_4 = \langle 6s+7, x_3, x_1^2 \rangle,$
$Q_5 = \langle 6s+7, x_2, x_1^2 \rangle, \qquad Q_6 = \langle 3s+5, x_3^2, x_2^2, x_1^2 \rangle,$
$Q_7 = \langle 3s+4, x_1, x_3^2, x_2^2 \rangle,$
$Q_8 = \langle x_1, 36s^2+60s+25, (6s+5)x_3, (6s+5)x_2, x_3^2, x_2 x_3, x_2^2 \rangle,$
$Q_9 = \langle 36s^2+84s+49, (6s+7)x_3, (6s+7)x_2, x_3^2, x_2 x_3, x_2^2, x_1^2 \rangle$

で与えられる (準素分解は Risa/Asir で計算した). これらの準素イデアルから s, x をそれぞれ消去すると

$Q_1 \cap \mathbb{Q}[x] = \langle x_3, x_1 \rangle, \qquad Q_1 \cap \mathbb{Q}[s] = \langle 6s+5 \rangle,$
$Q_2 \cap \mathbb{Q}[x] = \langle x_2, x_1 \rangle, \qquad Q_2 \cap \mathbb{Q}[s] = \langle 6s+5 \rangle,$
$Q_3 \cap \mathbb{Q}[x] = \langle x_2^2 x_3^2 - x_1^3 \rangle, \qquad Q_3 \cap \mathbb{Q}[s] = \langle s+1 \rangle,$
$Q_4 \cap \mathbb{Q}[x] = \langle x_3, x_1^2 \rangle, \qquad Q_4 \cap \mathbb{Q}[s] = \langle 6s+7 \rangle,$
$Q_5 \cap \mathbb{Q}[x] = \langle x_2, x_1^2 \rangle, \qquad Q_5 \cap \mathbb{Q}[s] = \langle 6s+7 \rangle,$
$Q_6 \cap \mathbb{Q}[x] = \langle x_3^2, x_2^2, x_1^2 \rangle, \qquad Q_6 \cap \mathbb{Q}[s] = \langle 3s+5 \rangle,$
$Q_7 \cap \mathbb{Q}[x] = \langle x_1, x_3^2, x_2^2 \rangle, \qquad Q_7 \cap \mathbb{Q}[s] = \langle 3s+4 \rangle,$
$Q_8 \cap \mathbb{Q}[x] = \langle x_3^2, x_2 x_3, x_2^2, x_1 \rangle, \quad Q_8 \cap \mathbb{Q}[s] = \langle (6s+5)^2 \rangle,$
$Q_9 \cap \mathbb{Q}[x] = \langle x_3^2, x_2 x_3, x_2^2, x_1^2 \rangle, \quad Q_9 \cap \mathbb{Q}[s] = \langle (6s+7)^2 \rangle$

となる. 従って $p = (x_1, x_2, x_3) \in \mathbb{C}^3$ における局所 b 関数 $b_f(s, p)$ は次のように計算できる.

(1) $x_1^3 - x_2^2 x_3^2 \neq 0$ のときは, $p \in \mathbf{V}_{\mathbb{C}}(Q_i \cap \mathbb{Q}[x])$ となる i はないから,

$b_f(s,p) = 1$.

(2) $x_1^3 - x_2^2 x_3^2 = 0$ かつ $x_1 \neq 0$ のときは, $p \in \mathbf{V}_{\mathbb{C}}(Q_i \cap \mathbb{Q}[x])$ となる i は $i = 3$ のみだから, $b_f(s,p) = s + 1$.

(3) $x_1 = x_2 = 0$ かつ $x_3 \neq 0$ のときは, $p \in \mathbf{V}_{\mathbb{C}}(Q_i \cap \mathbb{Q}[x])$ となる i は $i = 2, 3, 5$ だから, $b_f(s,p) = (s+1)(6s+5)(6s+7)$.

(4) $x_1 = x_3 = 0$ かつ $x_2 \neq 0$ のときは, $p \in \mathbf{V}_{\mathbb{C}}(Q_i \cap \mathbb{Q}[x])$ となる i は $i = 1, 3, 4$ だから, $b_f(s,p) = (s+1)(6s+5)(6s+7)$.

(5) $x_1 = x_2 = x_3 = 0$ のときは, すべての i について $p \in \mathbf{V}_{\mathbb{C}}(Q_i \cap \mathbb{Q}[x])$ となるので, $b_f(s,p) = (s+1)(3s+4)(3s+5)(6s+5)^2(6s+7)^2$.

$\mathbb{C}^3$ の点がこのように b 関数によって 5 通りに分類されたわけであるが, これは (代数的な) 滑層分割 (stratification) と呼ばれるものになっている. $\mathbb{R}^3$ で見ると曲面 $f = 0$ は図 4.1 のような形をしていて, 滑層分割に現れる 2 直線 $x_1 = x_2 = 0, x_1 = x_3 = 0$ と原点は $f = 0$ の特異点集合を分解したものになっている.

5

D 加群の制限と積分

　D 加群に対する基本的な演算である制限と積分について考察し，その計算アルゴリズムを導くのがこの章の目的である．D 加群の制限は，線形偏微分方程式系に対する初期値問題の代数的な定式化とみなすことができる．また D 加群の積分は，その解を一つの変数に関して積分して得られる関数の満たす微分方程式に対応している．1章と同じように決定多項式または b 関数を考えると，その整数根によって制限や積分の計算アルゴリズムが統制されることがわかる．特に制限アルゴリズムの応用として，代数幾何で重要な局所コホモロジーの D 加群としての構造を決定するアルゴリズムが得られる．

5.1　D 加群の制限とその計算アルゴリズム

　前の章と同じく $x = (x_1, \ldots, x_n)$ を n 変数，t を一変数として，x に関する微分作用素環を D_n，x と t に関する微分作用素環を D_{n+1} で表すことにする．K^{n+1} の超平面 $Y := \{(x,t) \in K^{n+1} \mid t = 0\}$ を考え，$\iota : Y \ni (x,0) \mapsto (x,0) \in K^{n+1}$ を埋め込み写像とする．

定義 5.1 (制限) M を左 D_{n+1} 加群とするとき，線形写像 $t\cdot : M \ni v \mapsto tv \in M$ の余核

$$\iota^* M := \operatorname{Coker}(t\cdot : M \to M) = M/tM$$

を M の Y への**制限** (restriction) または**引き戻し** (pull-back) という．D_n と t の M への作用は可換だから $\iota^* M$ は左 D_n 加群である．

制限の具体的な意味を考えるために，簡単のため M は一つの元 u で生成されるとしよう．すると M の元は適当な $P \in D_{n+1}$ によって Pu と表せる．

$$P = \sum_{i,j \geq 0} P_{ij} t^j \partial_t^i \qquad (P_{ij} \in D_n)$$

と書けば

$$Pu = \sum_{i \geq 0} P_{i0} \partial_t^i u + t \left(\sum_{i \geq 0, j \geq 1} t^{j-1} P_{ij} \partial_t^i u \right)$$

である．一般に $v \in M$ の M/tM における剰余類を $[v]$ で表せば

$$[Pu] = \sum_{i \geq 0} P_{i0} [\partial_t^i u]$$

であるから，M/tM は左 D_n 加群として $\{[u], [\partial_t u], [\partial_t^2 u], \dots\}$ で生成されることがわかる．もし $Pu = 0$ とすると，これらの生成元は

$$\sum_{i \geq 0} P_{i0} [\partial_t^i u] = 0$$

という関係式を満たすことになる．これは未知関数 u に対する $Pu = 0$ という微分方程式から $t = 0$ として得られる $[u], [\partial_t u], \dots$ に関する微分方程式であると考えられる．そこで M/tM の具体的な表示を求めるには次の2つのステップが必要である：

(1) $\{[u], [\partial_t u], \dots, [\partial_t^k u]\}$ が M/tM の生成系となるような整数 $k \geq 0$ を（もしあれば）求めること．

(2) $\{[u], [\partial_t u], \dots, [\partial_t^k u]\}$ に対する連立微分方程式系を求めること．

この意味で M/tM は M の**接方程式系** (tangential system) と呼ばれることもある．

まず形式巾級数解と接方程式系との関係を明らかにしておこう．一般に $x = (x_1, \dots, x_n)$ に関する (形式的) **巾級数**とは，$\sum_{\alpha \in \mathbb{N}^n} c_\alpha x^\alpha$ $(c_\alpha \in K)$ という無限和で表されるような式のことである．これらの全体を $K[[x]]$ で表し，K 上の n 変数 (形式) **巾級数環**という．これは自然な和と積とスカラー倍により K 代数となる．$p = (p_1, \dots, p_n) \in K^n$ とするとき $x - p$ に関する巾級

数の全体を $K[[x-p]]$, $x-p$ と t に関する巾級数の全体を $K[[x-p,t]]$ で表すことにする.

次の定理は定理 2.29 の拡張であり, M の x,t に関する形式巾級数解と M/tM の x に関する形式巾級数解が, $t=0$ という代入操作によって 1 対 1 に対応していることを示している.

定理 5.2. M を左 D_{n+1} 加群とすると自然な K 同型写像

$$\iota^* : \mathrm{Hom}_{D_{n+1}}(M, K[[x-p,t]]) \overset{\simeq}{\longrightarrow} \mathrm{Hom}_{D_n}(\iota^* M, K[[x-p]])$$

が存在する.

証明: まず線形写像 ι^* を定義しよう. $\psi \in \mathrm{Hom}_{D_{n+1}}(M, K[[x-p,t]])$ とする. 任意の $u \in M$ に対して $\psi(tu) = t\psi(u)$ であるから, $\psi(tM) \subset tK[[x-p,t]]$ が成り立つ. 従って ψ は線形写像

$$\psi' : M/tM \longrightarrow K[[x-p,t]]/tK[[x-p,t]] \simeq K[[x-p]]$$

を誘導する. この右辺の同型は, $K[x-p,t]$ の元に $t=0$ を代入するという操作から導かれる. このとき $\iota^*(\psi) = \psi'$ と定義しよう. ι^* が線形写像であることは容易に確認できる.

次に ι^* が単射であることを示そう. $\psi \in \mathrm{Hom}_{D_{n+1}}(M, K[[x-p,t]])$ に対して $\iota^*(\psi) = 0$ を仮定する. すると上の定義から $\psi(M) \subset tK[[x-p,t]]$ が従う. このとき $\psi = 0$ であることを背理法で示そう. $\psi \neq 0$ とすると $g(x,t) := \psi(u) \neq 0$ となるような $u \in M$ が存在する. $g(x,t) \in tK[[x-p,t]]$ であるから, $g(x,t) = t^\nu h(x,t)$, $h(x,0) \neq 0$ を満たす $h(x,t) \in K[[x-p,t]]$ と整数 $\nu \geq 1$ が存在する.

$$\partial_t^\nu g(x,t) = \psi(\partial_t^\nu u) \in tK[[x-p,t]]$$

であるから, $\partial_t^\nu g(x,t)$ に $t=0$ を代入すれば 0 でなければならない. 一方

$$\partial_t^\nu g(x,t) = \partial_t^\nu (t^\nu h(x,t)) = (t\partial_t + 1) \cdots (t\partial_t + \nu) h(x,t)$$

(問題 2.1 を参照) に $t=0$ を代入すると $\nu!h(x,0)$ となり, これは 0 にならないから矛盾である. 従って $\psi=0$ でなければならない.

最後に ι^* が全射であることを示す. 任意の $\varphi \in \mathrm{Hom}_{D_n}(\iota^*M, K[[x-p]])$ と $u \in M$ に対して

$$\psi(u) := \sum_{i=0}^{\infty} \frac{t^i}{i!} \varphi([\partial_t^i u]) \in K[[x-p,t]]$$

により写像 $\psi : M \to K[[x-p,t]]$ を定義する. 任意の $P \in D_n$ に対して

$$\psi(Pu) = \sum_{i=0}^{\infty} \frac{t^i}{i!} \varphi([\partial_t^i Pu]) = \sum_{i=0}^{\infty} \frac{t^i}{i!} P\varphi([\partial_t^i u]) = P\psi(u)$$

であるから, ψ は左 D_n 加群としての準同型である. さらに

$$\begin{aligned}
\psi(tu) &= \sum_{i=0}^{\infty} \frac{t^i}{i!} \varphi([\partial_t^i(tu)]) = \sum_{i=0}^{\infty} \frac{t^i}{i!} \varphi([t\partial_t^i u + i\partial_t^{i-1} u]) \\
&= \sum_{i=1}^{\infty} \frac{t^i}{(i-1)!} \varphi([\partial_t^{i-1} u]) = \sum_{i=0}^{\infty} \frac{t^{i+1}}{i!} \varphi([\partial_t^i u]) \\
&= t\psi(u), \\
\psi(\partial_t u) &= \sum_{i=0}^{\infty} \frac{t^i}{i!} \varphi([\partial_t^{i+1} u]) = \sum_{i=1}^{\infty} \frac{t^{i-1}}{(i-1)!} \varphi([\partial_t^i u]) = \partial_t(\psi(u))
\end{aligned}$$

が成り立つから, ψ は左 D_{n+1} 加群としての準同型である. さらに $\psi(u) - \varphi([u]) \in tK[[x-p,t]]$ であるから, $\iota^*(\psi) = \varphi$ である. (証了)

以下では簡単のため M が左 D_{n+1} 加群として一つの元 u で生成されると仮定して, $\iota^*M = M/tM$ の計算法を示そう.

$$I := \mathrm{Ann}_{D_{n+1}} u = \{P \in D_{n+1} \mid Pu = 0\}$$

は D_{n+1} の左イデアルで $M \simeq D_{n+1}/I$ である. 具体的な微分方程式系を考える場合には, 最初に I (の生成系) が具体的に与えられていて, u を $1 \in D_{n+1}$ の $M := D_{n+1}/I$ における同値類と定義する.

$$Pu \in tM \quad \Leftrightarrow \quad P \in tD_{n+1} + I$$

であるから，左 D_n 加群として

$$M/tM \simeq D_{n+1}/(tD_{n+1} + I)$$

である．ここで tD_{n+1} は D_{n+1} の右イデアルであり，I は D_{n+1} の左イデアルであることに注意しよう．従って $tD_{n+1} + I$ は左 D_n 加群の構造しか持たず，しかも有限生成ではない．そのために 1 章と同じように，有限生成加群 (1 章では有限次元ベクトル空間) の計算に帰着する手続きが必要となるのである．

まず D_{n+1} に対する重みベクトル $w \in \mathbb{Z}^{2n+2}$ を

変数	x_1	$\cdots$	x_n	t	∂_1	$\cdots$	∂_n	∂_t
重み	0	$\cdots$	0	-1	0	$\cdots$	0	1

で定める．つまり変数をこの順序で並べれば $w = (0, \ldots, 0, -1; 0, \ldots, 0, 1)$ である．これによって D_{n+1} のフィルター $\{F_w^k(D_{n+1})\}_{k \in \mathbb{Z}}$ が定義される (3.2 節を参照)．この重みベクトル w に関する b 関数 (または決定多項式) を定義しよう:

定義 5.3. 左 D_{n+1} 加群 M の生成元 u に対して

$$B_u := \{b(s) \in K[s] \mid (b(t\partial_t) + Q)u = 0 \quad (\exists Q \in F_w^{-1}(D_{n+1}))\}$$

とおく．$B_u \neq \{0\}$ のとき M は Y へ**制限可能** (specializable) といい，B_u の 0 でない元のうちで次数最小のもの $b_u(s)$ を u の Y に沿っての**決定多項式** (indicial polynomial)，または u の w に関する **b 関数** (b-function) と呼ぶ．

まず決定多項式の計算法から考察しよう．

定理 5.4. G を $I = \mathrm{Ann}_{D_{n+1}} u$ の w 包合基底とする．定義 4.4 の ψ を用いて，$I_0(s)$ を $\psi(\mathrm{in}_w(G)) := \{\psi(\mathrm{in}_w(P))(s) \mid P \in G\}$ で生成される $D_n[s]$ の左イデアルとする．すると，$B_u = K[s] \cap I_0(s)$ が成立する．特に B_u は計算可能である．

証明: $G = \{P_1, \ldots, P_r\}$ とおく. $b(s) \in B_u$ とすると, ある $Q \in F_w^{-1}(D_{n+1})$ が存在して

$$P := b(t\partial_t) + Q \in I$$

となる. 従って $b(t\partial_t) = \mathrm{in}_w(P)$ は, D_{n+1} の左イデアル $\mathrm{gr}_w(I)$ に属する. G は I の w 包合基底だから, $\mathrm{in}_w(G) := \{\mathrm{in}_w(P_1), \ldots, \mathrm{in}_w(P_r)\}$ は $\mathrm{gr}_w(I)$ の生成系である. よって, $m_i := \mathrm{ord}_w(P_i)$ とすれば, w に関して重み $-m_i$ の斉次元 $U_i \in D_{n+1}$ があって,

$$b(t\partial_t) = \mathrm{in}_w(P) = \sum_{i=1}^r U_i \mathrm{in}_w(P_i)$$

が成立する. $m_i \geq 0$ のときは $S_i := t^{m_i}$, $m_i < 0$ のときは $S_i := \partial_t^{-m_i}$ とすると, $U_i = U_i'(t\partial_t)S_i$ と書けるような $U_i'(s) \in D_n[s]$ をとれる. このとき ψ の定義によって

$$b(t\partial_t) = \sum_{i=1}^r U_i'(t\partial_t)S_i \mathrm{in}_w(P_i) = \sum_{i=1}^r U_i'(t\partial_t)\psi(\mathrm{in}_w(P_i))(t\partial_t)$$

であるから, $b(s) \in I_0(s) \cap K[s]$ である.

逆に $b(s) \in I_0(s) \cap K[s]$ とすると, ある $U_i'(s) \in D_n[s]$ があって,

$$b(s) = \sum_{i=1}^r U_i'(s)\psi(\mathrm{in}_w(P_i))(s)$$

と書ける. S_i を前半と同じにとれば,

$$b(t\partial_t) = \sum_{i=1}^r U_i'(t\partial_t)S_i \mathrm{in}_w(P_i) = \mathrm{in}_w\left(\sum_{i=1}^r U_i'(t\partial_t)S_i P_i\right)$$

となって, $b(s) \in B_u$ が示された. (証了)

例 5.5. $n = 0$ として $P \in D_1$ に対して $M := D_1/D_1 P$ とおき, u を $1 \in D_1$ の M における同値類とする. $w = (-1, 1)$, すなわち t の重みを -1, ∂_t の重みを 1 とする. P の 1.5 節の意味での w に関する b 関数を $b(s)$ とおこう. $d := \mathrm{ord}_w(P)$ とすると $b(s)$ は

5.1 D 加群の制限とその計算アルゴリズム

$$\operatorname{in}_w(P)t^s = b(s)t^{s-d}$$

で定義される．これと上記の定義による u の w に関する b 関数 $b_u(s)$ との関係は

$$b_u(s) = \begin{cases} b(s) & (d \geq 0) \\ (s+1)(s+2)\cdots(s+(-d))b(s) & (d < 0) \end{cases}$$

で与えられる．実際 $d \geq 0$ のときは，$\psi(\operatorname{in}_w(P))(t\partial_t) = t^d \operatorname{in}_w(P)$ で，$t\partial_t t^s = st^s$ より

$$t^d \operatorname{in}_w(P)t^s = \psi(\operatorname{in}_w(P))(s)t^s$$

が成立するから，$b(s) = \psi(\operatorname{in}_w(P))(s)$ である．一方，定理 5.4 により $\psi(\operatorname{in}_w(P))(s) = b_u(s)$ であるから，$b(s) = b_u(s)$ を得る．$d < 0$ のときは，

$$\psi(\operatorname{in}_w(P))(t\partial_t) = \partial_t^{-d} \operatorname{in}_w(P) = b_u(t\partial_t)$$

であるが，このときある $P_0(s) \in K[s]$ があって，$\operatorname{in}_w(P) = t^{-d}P_0(t\partial_t)$ と書ける．すると，上と同様にして $b(s) = P_0(s)$ であることがわかるから，

$$b_u(t\partial_t) = \partial_t^{-d} t^{-d} P_0(t\partial_t) = (t\partial_t + 1)\cdots(t\partial_t + (-d))b(t\partial_t)$$

である．

決定多項式を用いて M/tM の計算アルゴリズムを導くことができる．

補題 5.6. $b(s) \in K[s]$ と非負整数 k に対して

$$\partial_t^k b(t\partial_t) = b(t\partial_t + k)\partial_t^k,$$
$$t^k b(t\partial_t) = b(t\partial_t - k)t^k.$$

証明: 最初の式のみ証明しよう．$\partial_t(t\partial_t) = t\partial_t^2 + \partial_t = (t\partial_t + 1)\partial_t$ より，

$$\partial_t^k(t\partial_t) = \partial_t^{k-1}(t\partial_t + 1)\partial_t = \cdots = (t\partial_t + k)\partial_t^k,$$

従って非負整数 m に対して

$$\partial_t^k(t\partial_t)^m = (t\partial_t + k)\partial_t^k(t\partial_t)^{m-1} = \cdots = (t\partial_t + k)^m \partial_t^k$$

を得る．これから結論が従う．後の式も同様に示せる．(証了)

命題 5.7. $P \in D_{n+1}$ が w について重み k の斉次元，すなわち $\mathrm{ord}_w(P) = k$ かつ $\mathrm{in}_w(P) = P$ とすると，任意の $b(s) \in K[s]$ に対して

$$Pb(t\partial_t) = b(t\partial_t + k)P.$$

証明: ある $P'(s) \in D_n[s]$ があって，$k \geq 0$ ならば $P = P'(t\partial_t)\partial_t^k$，$k < 0$ ならば $P = t^{-k}P'(t\partial_t)$ と書ける．ここで $P'(t\partial)$ と $b(t\partial)$ が可換であることに注意して上の補題を用いれば，$k \geq 0$ のとき

$$Pb(t\partial_t) = P'(t\partial_t)\partial_t^k b(t\partial_t) = P'(t\partial_t)b(t\partial_t + k)\partial_t^k = b(t\partial_t + k)P,$$

$k < 0$ のとき

$$Pb(t\partial_t) = t^{-k}b(t\partial_t)P'(t\partial_t) = b(t\partial + k)t^{-k}P'(t\partial_t) = b(t\partial_t + k)P$$

を得る．(証了)

定理 5.8. M は Y へ制限可能と仮定し，u の決定多項式を $b_u(s)$ とする．$b_u(k) = 0$ を満たす非負整数 k のうちで最大のものを k_1 とおく．(もし $b_u(k) = 0$ を満たす非負整数 k がなければ $k_1 := -1$ とする．) このとき，M/tM は左 D_n 加群として $\{[u], [\partial_t u], \ldots, [\partial_t^{k_1} u]\}$ で生成される．特に $k_1 = -1$ のときは $M/tM = 0$ である．

証明: $k > k_1$ のとき M/tM において

$$[\partial_t^k u] \in D_n[u] + D_n[\partial_t u] + \cdots + D_n[\partial_t^{k_1} u]$$

を示せばよい．b_u の定義より，$b_u(t\partial_t)u = Qu$ を満たす $Q \in F_w^{-1}(D_{n+1})$ が存在する．これと補題 5.6 から

$$b_u(t\partial_t + k)\partial_t^k u = \partial_t^k b_u(t\partial_t)u = \partial_t^k Q u$$

である．ここで $b_u(t\partial_t + k) - b_u(k)$ は tD_{n+1} に属するから M/tM において

$$[b_u(t\partial_t + k)\partial_t^k u] = b_u(k)[\partial_t^k u]$$

である．また $\partial_t^k Q \in F_w^{k-1}(D_{n+1})$ だから

$$\partial_t^k Q = Q_0 + Q_1 \partial_t + \cdots + Q_{k-1}\partial_t^{k-1} + tR$$

を満たす $Q_0, \ldots, Q_{k-1} \in D_n$ と $R \in D_{n+1}$ が存在する．以上をまとめて

$$\begin{aligned} b_u(k)[\partial_t^k u] &= [b_u(t\partial_t + k)\partial_t^k u] \\ &= [\partial_t^k Q u] \\ &= Q_0[u] + Q_1[\partial_t u] + \cdots + Q_{k-1}[\partial_t^{k-1} u] \end{aligned}$$

を得る．$b_u(k) \neq 0$ であることに注意すれば，これは

$$[\partial_t^k u] \in D_n[u] + D_n[\partial_t u] + \cdots + D_n[\partial_t^{k-1} u]$$

を意味する．$k > k_1$ ならば k を $k-1, k-2, \ldots$ として同じ議論を $k = k_1$ となるまで繰り返せば結論を得る．(証了)

これで第 1 ステップは済んだので次に第 2 ステップ，すなわちこうして決めた M/tM の生成系に対する関係式 (微分方程式系) を定めよう．一般に $F_w^{k_1}(D_{n+1})$ の元 P は，$A_0, \ldots, A_{k_1} \in D_n$ と $R \in F_w^{k_1+1}(D_{n+1})$ によって

$$P = A_0 + A_1 \partial_t + \cdots + A_{k_1}\partial_t^{k_1} + tR$$

という形に一意的に表すことができる (両辺の全表象を考えればよい)．
このとき

$$F_w^{k_1}(D_{n+1}) \ni P \longmapsto \rho(P, k_1) := (A_0, A_1, \ldots, A_{k_1}) \in (D_n)^{k_1+1}$$

により写像 $\rho(\bullet, k_1) : F_w^{k_1}(D_{n+1}) \to (D_n)^{k_1+1}$ を定めよう (図 5.1)．
これは左 D_n 加群としての準同型である．

図 5.1 $\rho(\bullet, k_1)$

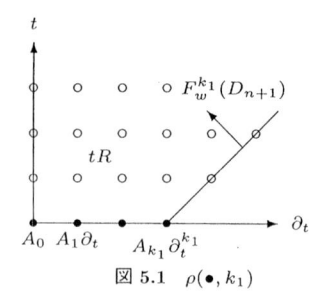

$$N_Y := \{(A_0, A_1, \ldots, A_{k_1}) \in (D_n)^{k_1+1} \mid$$
$$A_0[u] + A_1[\partial_t u] + \cdots + A_{k_1}[\partial_t^{k_1} u] = 0\}$$

は $(D_n)^{k_1+1}$ の左部分 D_n 加群である．上記の P が $I = \mathrm{Ann}_{D_{n+1}} u$ に属せば

$$A_0[u] + A_1[\partial_t u] + \cdots + A_{k_1}[\partial_t^{k_1} u] = [Pu - tRu] = 0$$

だから，$\rho(I \cap F_w^{k_1}(D_{n+1}), k_1) \subset N_Y$ である．

定理 5.9. 定理 5.8 と同じ仮定のもとで，G を $I = \mathrm{Ann}_{D_{n+1}}$ の w 包合基底とすると，左 D_n 加群 N_Y は

$$G_Y := \{\rho(\partial_t^j P, k_1) \mid P \in G,\ j \in \mathbb{N},\ j + \mathrm{ord}_w(P) \leq k_1\}$$

で生成される．このとき左 D_n 加群として $\iota^* M$ は $(D_n)^{k_1+1}/N_Y$ に同型である．

証明：$P \in I$ かつ $j + \mathrm{ord}_w(P) \leq k_1$ ならば $\partial_t^j P \in F_w^{k_1}(D_{n+1})$ は I に属するから，$\rho(\partial_t^j P, k_1) \in N_Y$ となる．従って $G_Y \subset N_Y$ である．

逆に $(A_0, A_1, \ldots, A_{k_1}) \in N_Y$ と仮定して

$$P := A_0 + A_1 \partial_t + \cdots + A_{k_1} \partial_t^{k_1}$$

とおこう．すると $[Pu] = 0$ であるから，$Pu = tRu$ を満たす $R \in D_{n+1}$ が存在する．このような R を $\mathrm{ord}_w(R) \leq k_1 + 1$ であるように選べることを示そ

う．そこで $k := \mathrm{ord}_w(R) \geq k_1 + 2$ と仮定しよう．まず $b_u(t\partial_t)u = Qu$ を満たす $Q \in F_w^{-1}(D_{n+1})$ をとる．$R_0 := \mathrm{in}_w(R)$ とおくと，R_0 は重みベクトル w に関して重み k の斉次元だから，命題 5.7 によって

$$R_0 b_u(t\partial_t) = b_u(t\partial_t + k)R_0 = b_u(\partial_t t + k - 1)R_0$$

が成り立つ．さらに，t に関する微分作用素 A によって $b_u(\partial_t t+k-1)-b_u(k-1) = At$ と表せて $\mathrm{ord}_w(A) \leq 1$ が成立するから，

$$\begin{aligned}b_u(k-1)R_0 u &= b_u(\partial_t t + k - 1)R_0 u - AtR_0 u \\ &= R_0 b_u(t\partial_t)u - AtRu + At(R - R_0)u \\ &= (R_0 Q - AP + At(R - R_0))u\end{aligned}$$

で，$S := R_0 Q - AP + At(R - R_0)$ は F_w^{k-1} に属することがわかる．また仮定より $b_u(k-1) \neq 0$ であるから，以上により

$$Pu = tR_0 u + t(R - R_0)u = t\left(\frac{1}{b_u(k-1)}S + R - R_0\right)u$$

を得る．そこで R を

$$R' := \frac{1}{b_u(k-1)}S + R - R_0$$

で置き換えれば，$Pu = tR'u$ かつ $\mathrm{ord}_w(R') \leq k-1$ が成立する．この操作を続ければ，$Pu = tRu$ かつ $\mathrm{ord}_w(R) \leq k_1 + 1$ を満たす $R \in D_{n+1}$ が存在することがわかる．

以上により $P - tR \in I \cap F_w^{k_1}(D_{n+1})$ であり G は I の w 包合基底だから，$G = \{P_1, \ldots, P_r\}$ とすると，命題 3.15 によって

$$P - tR = Q_1 P_1 + \cdots + Q_r P_r + U, \qquad \mathrm{ord}_w(Q_i P_i) \leq k_1 \quad (i = 1, \ldots, r)$$

を満たす $Q_1, \ldots, Q_r \in D_{n+1}$ と $U \in F_w^{-1}(D_{n+1})$ が存在する．特に U は $U = tU'$ ($U' \in D_{n+1}$) という形で書ける．$\mathrm{ord}_w(P_i) = m_i$ とすると $\mathrm{ord}_w(Q_i) \leq k_1 - m_i$ であるから，$Q_{ij} \in D_n$ と $R_i \in D_{n+1}$ によって

$$Q_i = \sum_{j=0}^{k_1-m_i} Q_{ij}\partial_t^j + tR_i$$

と書ける.このとき

$$P = \sum_{i=1}^{r}\sum_{j=0}^{k_1-m_i} Q_{ij}\partial_t^j P_i + t\left(\sum_{i=1}^{r} R_i P_i + R + U'\right)$$

であるから,

$$(A_0, A_1, \ldots, A_{k_1}) = \rho(P, k_1) = \sum_{i=1}^{r}\sum_{j=0}^{k_1-m_i} Q_{ij}\rho(\partial_t^j P_i, k_1)$$

となる.これで N_Y が G_Y で生成されることが示された.最後の主張は準同型定理から従う.(証了)

I の包合基底 G はグレブナー基底で計算できて有限集合であるから,G_Y も有限集合である.これで M/tM の左 D_n 加群としての具体的な表示を求めるアルゴリズムが得られたことになる.なお定理5.8と5.9における k_1 は,j が k_1 より大きな整数のとき $b_u(j) \neq 0$ であれば十分だから,$b_u(s)$ が正確に求まらなくても,B_u の 0 でない元,すなわち $b_u(s)$ の倍数が一つ求まれば,それの最大の整数根を k_1 としてもよいことに注意しておこう.

例 5.10. I を $G := \{t\partial_t - 1, \partial_t^2, \partial_1, \ldots, \partial_n\}$ で生成される D_{n+1} の左イデアルとして,$M := D_{n+1}/I$ とおく.u を 1 の M における同値類とする.$\prec$ を全次数辞書式順序として,w を上記のようにとると,G は $\prec_w$ に関するグレブナー基底であることがわかる (G の元はすべて w に関して斉次だから,直接 S 式を計算すればよい).従って G は I の w 包合基底である.$\psi(\mathrm{in}_w(G)) = \{s-1, s(s-1), \partial_1, \ldots, \partial_n\}$ より,$B_u = \langle s-1\rangle$,すなわち $b_u(s) = s-1$ を得る.従って定理5.9の k_1 は 1,G_Y は

$$G_Y = \{\rho(t\partial_t - 1, 1), \rho(\partial_t(t\partial_t - 1), 1), \rho(\partial_1, 1), \ldots, \rho(\partial_n, 1),$$
$$\rho(\partial_t\partial_1, 1), \ldots, \rho(\partial_t\partial_n, 1)\}$$
$$= \{(-1, 0), (0, 0), (\partial_1, 0), \ldots, (\partial_n, 0), (0, \partial_1), \ldots, (0, \partial_n)\}$$

となる．この最初の元から $[u] = 0$ となることがわかるから，$\iota^* M = M/tM$ は $[\partial_t u]$ で生成され，$[\partial_t u]$ は $\partial_i [\partial_t u] = 0$ $(i = 1, \ldots, n)$ を満たす．すなわち

$$\iota^* M = D_n[\partial_t u] \simeq D_n/(D_n \partial_1 + \cdots + D_n \partial_n) \simeq K[x]$$

である．$\iota^* M = D_n[\partial_t u]$ と定理 5.2 の証明から

$$\{f(x,t) \in K[[x-p,t]] \mid Pf(x,t) = 0 \quad (\forall P \in I)\}$$
$$\ni f(x,t) \longmapsto \partial_t f(x,0) \in K[[x-p]]$$

が任意の $p \in K^n$ について同型写像であることがわかる．

例 5.11. k, m を $0 \leq k \leq m$ を満たす整数，$A_i(t) \in D_n[t]$ として

$$P := t^k \partial_t^m + A_1(t) t^{k-1} \partial_t^{m-1} + \cdots + A_k(t) \partial_t^{m-k} + A_{k+1}(t) \partial_t^{m-k-1}$$
$$+ \cdots + A_m(t)$$

とおく．さらに $0 \leq i \leq k$ のとき $a_i := A_i(0) \in K$ と仮定しよう．$M := D_{n+1}/D_{n+1}P$ として 1 の M における同値類を u と書くと，

$$b_u(t\partial_t) = \psi(\mathrm{in}_w(P))(t\partial_t) = t^{m-k} \mathrm{in}_w(P)$$
$$= t^m \partial_t^m + a_1 t^{m-1} \partial_t^{m-1} + \cdots + a_k t^{m-k} \partial_t^{m-k}$$

であるから，

$$b_u(s) = s(s-1) \cdots (s-m+1) + a_1 s(s-1) \cdots (s-m+2)$$
$$+ \cdots + a_k s(s-1) \cdots (s-m+k+1)$$

である．$b_u(j) = 0$ を満たす非負整数 j のうち最大のものを k_1 とおく（もしなければ $k_1 := -1$ とする）．なお，j が $0 \leq j \leq m-k-1$ を満たす整数のとき $b_u(j) = 0$ だから，$k < m$ ならば $k_1 \geq m-k-1$ である．さてこのとき，$\iota^* M$ は $\{[u], \ldots, [\partial_t^{k_1} u]\}$ で生成され，N_Y は $G_Y = \{\rho(\partial_t^j P, k_1) \mid j + m - k \leq k_1\}$ で生成される．特に $k_1 \leq m - k - 1$，すなわち j が $m - k$ 以上の整数のとき

$b_u(j) \neq 0$ ならば，G_Y は空集合だから，

$$\iota^* M = D_n[u] + \cdots + D_n[\partial_t^{m-k-1} u] \simeq (D_n)^{m-k}$$

であり，定理 5.2 によって写像

$$\{f(x,t) \in K[[x-p,t]] \mid Pf(x,t) = 0\}$$
$$\ni f(x,t) \longmapsto (f(x,0), \ldots, \partial_t^{m-k-1} f(x,0)) \in K[[x-p]]^{m-k}$$

は任意の $p \in K^n$ について同型写像である．

例 **5.12.** $n = 3$ として，

$$P_1 := x_2 \partial_2 + x_3 \partial_3 - a_1,$$
$$P_2 := t \partial_t + x_2 \partial_2 - a_2,$$
$$P_3 := x_1 \partial_1 + x_3 \partial_3 - a_3,$$
$$P_4 := \partial_t \partial_3 - \partial_1 \partial_2$$

の生成する D_4 の左イデアルを I とする．$M := D_4/I$ とおき，1 の M における同値類を u とする．ただし $a_1, a_2, a_3 \in K$ は定数である．(これは A 超幾何微分方程式系と呼ばれるものの特別な場合である．) 斉次化によるグレブナー基底の計算により，I の w 包合基底として $G := \{P_1, P_2, P_3, P_4, P_5\}$, ただし

$$P_5 := -x_3 \partial_3^2 + (a_1 - a_2 - 1) \partial_3 + t \partial_1 \partial_2$$

がとれることがわかる．グレブナー基底による消去法の計算で，$\psi(\mathrm{in}_w(G))$ の生成するイデアルと $K[s]$ との共通部分は，$b_u(s) = s(s + a_1 - a_2)$ で生成されることがわかる．実は $P_6 := t \partial_t^2 + (a_1 - a_2 + 1) \partial_t - x_3 \partial_1 \partial_2$ が I に含まれて，$b_u(s) = \psi(\mathrm{in}_w(P_6))(s)$ となっている．さて $a_2 - a_1$ が正整数でなければ，定理 5.9 において $k_1 = 0$ ととれて，$\iota^* M = D_3[u] = D_3/N_Y$ で，N_Y は

$$G_Y = \{x_2 \partial_2 + x_3 \partial_3 - a_1,\ x_2 \partial_2 - a_2,\ x_1 \partial_1 + x_3 \partial_3 - a_3,$$
$$-x_3 \partial_3^2 + (a_1 - a_2 - 1) \partial_3\}$$

で生成される D_3 の左イデアルである．実は N_Y は $A_1 := x_1\partial_1 + a_1 - a_2 - a_3$, $A_2 := x_2\partial_2 - a_2$, $A_3 := x_3\partial_3 - a_1 + a_2$ で生成されることがわかる．定理 5.2 により線形写像

$$\{f(x,t) \in K[[x,t]] \mid P_i f(x,t) = 0 \ (i = 1,2,3,4)\} \ni f(x,t)$$
$$\longmapsto f(x,0) \in \{g(x) \in K[[x]] \mid A_i g(x) = 0 \ (i = 1,2,3)\}$$

は同型である．これからたとえば $a_1 = 2$, $a_2 = 1$, $a_3 = 2$ のとき，この右辺の空間の基底は $\{x_1 x_2 x_3\}$ になるので，上の対応で $\mathrm{Hom}_{D_4}(M, K[[x,t]]) \simeq K$ となることがわかる．

問題 5.1. $P = t\partial_t^2 - \partial_t + \partial_1^2$ として，$M := D_{n+1}/D_{n+1}P$ とおくとき，$\iota^* M$ の左 D_n 加群としての具体的な表示を求めよ．

問題 5.2. $n = 1$ として，$P_1 := x_1 - t$ と $P_2 := \partial_t + \partial_1$ の生成する D_2 の左イデアルを I とおく．例 3.52 の計算から，$\{P_1, P_2\}$ は $w = (-1, 0; 1, 0)$ に関する包合基底であることを用いて，$M := D_2/I$ の $t = 0$ への制限 M/tM を具体的に求めよ．

5.2　局所コホモロジーへの応用

$f(x) \in K[x]$ を定数でない多項式とするとき，$B[f] := K[x, f^{-1}]/K[x]$ を $f = 0$ を台とする (代数的) **局所コホモロジー群** (local cohomology group) と呼ぶ．$K[x]$ は $K[x, f^{-1}]$ の左部分 D_n 加群であるから，$B[f]$ も自然に左 D_n 加群の構造を持つ．$B[f]$ の左 D_n 加群としての具体的な構造を計算するためのアルゴリズムを導くことが以下の目標である．

$K[x, f^{-1}]$ の元 $a(x)$ の $B[f]$ における剰余類を $[a(x)]$ で表そう．変数に t を加えて

$$B[t - f] := K[x, t, (t - f)^{-1}]/K[x, t]$$

とおく．

補題 5.13. $B[t-f]$ の元は $a_1(x), a_2(x), \cdots \in K[x]$ によって有限和

$$\sum_{i=1}^{\infty}\left[\frac{a_i(x)}{(t-f(x))^i}\right]$$

で一意的に表される. ($a_i(x)$ のうち 0 でないものは有限個.)

証明: 一般に $B[t-f]$ の元はある非負整数 m と $g(x,t) \in K[x,t]$ によって $[g(x,t)/(t-f)^m]$ と書ける. もし $g(x,t)$ の t についての次数が m 以上なら, $(t-f)^m$ は t についてモニック (最高次の係数が 1) だから, t についての割算によって

$$g(x,t) = q(x,t)(t-f)^m + h(x,t), \qquad h(x,t) \text{ は } t \text{ について } m-1 \text{ 次以下}$$

を満たす $q(x,t), h(x,t) \in K[x,t]$ をとれる. このとき $[g(x,t)/(t-f)^m] = [h(x,t)/(t-f)^m]$ であるから, 最初から $g(x,t)$ は t について $m-1$ 次以下としてよい. 従って適当な $a_1(x), \ldots, a_m(x) \in K[x]$ によって

$$g(x,t) = a_m(x) + a_{m-1}(x)(t-f) + a_{m-2}(x)(t-f)^2 \\ + \cdots + a_1(x)(t-f)^{m-1}$$

と表せる. このとき

$$\left[\frac{g(x,t)}{(t-f)^m}\right] = \sum_{i=1}^{m}\left[\frac{a_i(x)}{(t-f)^i}\right] \tag{5.1}$$

である. これが $B[t-f]$ において 0 を表すとすると, $g(x,t)$ が $(t-f)^m$ の倍数になるが, 次数の条件から $g(x,t) = 0$, 従って $a_1(x) = \cdots = a_m(x) = 0$ でなければならない. (証了)

命題 5.14. 左 D_{n+1} 加群として $B[t-f]$ は $\delta(t-f) := [1/(t-f)]$ で生成され, $\mathrm{Ann}_{D_{n+1}}\delta(t-f)$ は $t-f$ と $\partial_i + f_i\partial_t$ ($i = 1, \ldots, n$) で生成される D_{n+1} の左イデアルである. ただし $f_i = \partial_i f = \partial f/\partial x_i$ である.

証明: $a_i(x) \in K[x]$ に対して

$$\sum_{i=1}^{m} \left[\frac{a_i(x)}{(t-f)^i}\right] = \sum_{i=1}^{m} \frac{(-1)^{i-1}}{(i-1)!} a_i(x) \partial_t^{i-1} \delta(t-f)$$

だから，$B[t-f]$ は D_{n+1} 加群として $\delta(t-f)$ で生成される．$(t-f)\delta(t-f) = [1] = 0$ と

$$\partial_i \delta(t-f) = \left[\frac{f_i}{(t-f)^2}\right] = -f_i \partial_t \delta(t-f)$$

が成立するから，$t-f$ と $\partial_i + f_i \partial_t$ $(i = 1, \ldots, n)$ は $\mathrm{Ann}_{D_{n+1}} \delta(t-f)$ に属する．

逆に $P \in \mathrm{Ann}_{D_{n+1}} \delta(t-f)$ とする．補題 4.1 の証明と同様に，D_{n+1} の項順序 $\prec$ であって，任意の $\alpha \in \mathbb{N}^n$ と $\nu \in \mathbb{N}$ に対して

$$t \succ x^\alpha \tau^\nu, \quad \xi_i \succ x^\alpha \tau^\nu \quad (i = 1, \ldots, n)$$

を満たすものに関して，P を $t-f, \partial_i + f_i \partial_t$ $(i = 1, \ldots, n)$ で割算すれば

$$P = Q_0 \cdot (t-f) + \sum_{i=1}^{n} Q_i \cdot (\partial_i + f_i \partial_t) + \sum_{j=0}^{m} r_j(x) \partial_t^j$$

という形に書ける．ここで $Q_i \in D_{n+1}, r_j(x) \in K[x]$ である．このとき

$$0 = P\delta(t-f) = \sum_{j=0}^{m} r_j(x) \partial_t^j \left[\frac{1}{t-f}\right] = \sum_{j=0}^{m} \left[\frac{(-1)^j j! r_j(x)}{(t-f)^{j+1}}\right]$$

となるから，補題 5.13 より $r_j(x) = 0$ $(j = 0, \ldots, m)$ でなければならない．(証了)

さて写像 $\tilde{\rho}: B[t-f] \to B[f]$ を，$a_i(x) \in K[x]$ として

$$\tilde{\rho}\left(\sum_{i=1}^{\infty} \left[\frac{a_i(x)}{(t-f)^i}\right]\right) = \sum_{i=1}^{\infty} (-1)^i \left[\frac{a_i(x)}{f^i}\right]$$

で定義しよう．この写像が左 D_n 加群としての準同型であることは容易に確かめられる．また $\tilde{\rho}$ が全射であることも定義から明らかである．

定理 5.15. $u \in B[t-f]$ に対して，$\tilde{\rho}(u) = 0$ であるための必要十分条件は，u が $tB[t-f]$ に属することである．従って左 D_n 加群として $B[f]$ は $B[t-f]/tB[t-f]$ に同型である．

証明: $a_i(x) \in K[x]$ として $u = \sum_{i=1}^{m} \left[\dfrac{a_i(x)}{(t-f)^i} \right]$ とおく．u が $tB[t-f]$ に属すると仮定すると，$u = tv$ を満たすような

$$v = \sum_{i=1}^{\infty} \left[\frac{c_i(x)}{(t-f)^i} \right] \qquad (c_i(x) \in K[x])$$

が存在する．このとき

$$\begin{aligned}
tv &= \sum_{i=1}^{\infty} \left[\frac{tc_i(x)}{(t-f)^i} \right] \\
&= \sum_{i=1}^{\infty} \left[\frac{(t-f)c_i(x) + fc_i(x)}{(t-f)^i} \right] \\
&= \sum_{i=1}^{\infty} \left[\frac{c_i(x)}{(t-f)^{i-1}} \right] + \sum_{i=1}^{\infty} \left[\frac{fc_i(x)}{(t-f)^i} \right] \\
&= \sum_{i=1}^{\infty} \left[\frac{c_{i+1}(x) + fc_i(x)}{(t-f)^i} \right]
\end{aligned}$$

となるので，

$$\begin{aligned}
\tilde{\rho}(u) &= \sum_{i=1}^{\infty} (-1)^i \left[\frac{c_{i+1}(x) + fc_i(x)}{f^i} \right] \\
&= \sum_{i=1}^{\infty} (-1)^i \left(\left[\frac{c_{i+1}(x)}{f^i} \right] + \left[\frac{c_i(x)}{f^{i-1}} \right] \right) \\
&= 0
\end{aligned}$$

を得る．従って $tB[t-f] \subset \operatorname{Ker} \tilde{\rho}$ である．

逆に $u \in \operatorname{Ker} \tilde{\rho}$ とすると

$$0 = \tilde{\rho}(u) = \sum_{i=1}^{m} \left[\frac{(-1)^i a_i(x)}{f^i} \right]$$

であるから，多項式

$$g(x) := \sum_{i=1}^{m}(-1)^i f^{m-i} a_i(x)$$

は f^m の倍数である．従って a_m は f の倍数でなければならないから $a_m = fc_m$ を満たす $c_m \in K[x]$ が存在する．このとき

$$g = (-1)^m f \cdot (c_m - a_{m-1}) + \sum_{i=1}^{m-2}(-1)^i f^{m-i} a_i$$

であるから，$c_m - a_{m-1}$ は f の倍数である．よって $c_m - a_{m-1} = -fc_{m-1}$，すなわち

$$c_m + fc_{m-1} = a_{m-1}$$

を満たす $a_{m-1} \in K[x]$ が存在する．以下同様にして

$$c_{i+1} + fc_i = a_i \qquad (i = 1, \ldots, m)$$

を満たす $c_m, \ldots, c_1 \in K[x]$ を順番に決めることができる．(ただし $c_{m+1} = 0$ とする．) このとき

$$v = \sum_{i=1}^{m}\left[\frac{c_i}{(t-f)^i}\right]$$

とおけば，前半の計算から $u = tv \in tB[t-f]$ であることがわかる．後半の主張は $\tilde{\rho}$ が全射であることと準同型定理より従う．(証了)

$B[t-f]$ の D_{n+1} 加群としての構造は既知であるから，これに前節の制限アルゴリズムを適用すれば $B[f]$ の D_n 加群としての構造が計算できることになる．

命題 5.16. f の佐藤–ベルンステイン多項式を $b_f(s)$ とすると，$\delta(t-f)$ の $t=0$ に沿っての決定多項式は $b_f(-s-1)$ に等しい．特に $B[t-f]$ は $t=0$ へ制限可能である．

証明: 補題 4.1 と命題 5.14 によれば $P \in D_{n+1}$ に対して，$B[t-f]$ において

$P\delta(t-f)=0$ であることと, $N_f = K[x, f^{-1}, s]f^s$ において $Pf^s = 0$ であることとは同値である. 従って $Q(s) \in D_n[s]$ に対して

$$Q(s)f^{s+1} = b_f(s)f^s \iff (b_f(-\partial_t t) - Q(-\partial_t t)t)\delta(t-f) = 0$$

である. このとき $P := b_f(-\partial_t t) - Q(-\partial_t t)t$ とおけば, 重みベクトル w を前節と同じにとるとき $\mathrm{in}_w(P) = b_f(-\partial_t t)$ となる. 従って $\delta(t-f)$ の決定多項式は $b_f(-s-1)$ の約数である.

逆に, $b(s) \in K[s]$ を $\delta(t-f)$ の決定多項式とすると,

$$(b(-\partial_t t) + Q)\delta(t-f) = 0$$

を満たすような $Q \in F_w^{-1}(D_{n+1})$ が存在する. Q は

$$Q = \sum_{i=1}^m Q_i(-\partial_t t)t^i \qquad (Q_i(s) \in D_n[s])$$

という形に書くことができる. このとき

$$Q'(s) := -\sum_{i=1}^m Q_i(s)f^{i-1} \quad \in D_n[s]$$

とおこう. $i \geq 1$ のとき $t^i - f^i$ は $t - f$ の倍数だから

$$f^i\delta(t-f) = t^i\delta(t-f)$$

が成り立つことに注意すれば,

$$Q'(s)f^{s+1} = Q'(s)ff^s = -Qf^s = b(-\partial_t t)f^s$$

を得る. 従って $b(-s-1)$ は $b_f(s)$ の倍数である. (証了)

ここで, $\tilde{\rho}(\partial_t^i \delta(t-f)) = -i![f^{-i-1}]$ に注意すれば, この命題から f の佐藤–ベルンステイン多項式 $b_f(s)$ の最小の整数根を $-k_1$ とすれば, $\delta(t-f)$ の決定多項式の最大の整数根は $k_1 - 1$ だから, $B[f]$ は左 D_n 加群として

$$\{[f^{-1}], \ldots, [f^{-k_1}]\}$$

で生成され, これらの間の関係式 (微分方程式系) は定理 5.9 のアルゴリズムで計算できることがわかる.

例 5.17. $n=2, f=x_1^2-x_2^3$ とする. $B[t-f] = D_3\delta(t-f)$ で $\mathrm{Ann}_{D_3}\delta(t-f)$ は,

$$\{t-x_1^2+x_2^3,\ \partial_1+2x_1\partial_t,\ \partial_2-3x_2^2\partial_t\}$$

で生成される. $b_f(s)$ の最小整数根は -1 だから, $k_1=0$ として定理 5.9 を $B[t-f]$ に適用すれば, $B[f]$ は左 D_2 加群として $[f^{-1}]$ で生成され, $\mathrm{Ann}_{D_2}[f^{-1}]$ は

$$\{x_1^2-x_2^3,\ 3x_1\partial_1+2x_2\partial_2+6,\ 3x_2^2\partial_1+2x_1\partial_2\}$$

で生成されることがわかる.

例 5.18. $n=3, f=x_1^3-x_2^2x_3^2$ とすると, $b_f(s)$ の最小整数根は -1 だから, $B[f]$ は左 D_3 加群として $[f^{-1}]$ で生成され, $\mathrm{Ann}_{D_3}[f^{-1}]$ は

$$\begin{array}{ll}
2x_1\partial_1+3x_2\partial_2+6, & -x_2\partial_2+x_3\partial_3, \\
x_2^2x_3^2-x_1^3, & 2x_2x_3^2\partial_1+3x_1^2\partial_2, \\
2x_2^2x_3\partial_1+3x_1^2\partial_3, & 2x_3^3\partial_1\partial_3+3x_1^2\partial_2^2+2x_3^3\partial_1, \\
-x_2x_3^3\partial_3+x_1^3\partial_2-2x_2x_3^2, & x_3^4\partial_3^2-x_1^3\partial_2^2+4x_3^3\partial_3+2x_3^2
\end{array}$$

で生成されることがわかる.

問題 5.3. 写像 $\tilde{\rho}: B[t-f] \longrightarrow B[f]$ が左 D_n 加群としての準同型であることを示せ.

5.3 D 加群の積分とその計算アルゴリズム

左 D_{n+1} 加群 M に対して

$$\int M\, dt := \mathrm{Coker}\,(\partial_t\cdot : M \to M) = M/\partial_t M$$

を M の t に関する**積分** (integration), または**順像** (direct image) と呼ぶ. これは自然に左 D_n 加群の構造を持つ. M が $u \in M$ で生成されるとすると, 制

限の場合と同様にして, $M/\partial_t M$ は左 D_n 加群として剰余類 $[u], [tu], [t^2 u], \ldots$ で生成されることがわかる. $I := \operatorname{Ann}_{D_{n+1}} u$ とおけば左 D_n 加群として

$$M/\partial_t M = D_{n+1}/(\partial_t D_{n+1} + I)$$

である. 積分の具体的な意味を見るために, $K = \mathbb{C}$ として F を $\mathbb{R}^n$ 上の C^∞ 級関数であって t について急減少であるようなものの全体とする. $g(x, t) \in F$ が M の解, すなわち任意の $P \in I$ に対して $Pg(x, t) = 0$ を満たすとする. このとき $\psi : M \to F$ を任意の $P \in D_{n+1}$ に対して $\psi(Pu) = Pg$ で定義すれば, ψ は $\operatorname{Hom}_{D_{n+1}}(M, F)$ に属することがわかる. このとき任意の $P \in D_{n+1}$ に対して $\varphi(Pu) \in C^\infty(\mathbb{R}^n)$ を

$$\varphi(Pu)(x) := \int_{-\infty}^{\infty} Pg(x, t)\,dt$$

で定義しよう. これで定義される写像 $\varphi : M \to C^\infty(\mathbb{R}^n)$ は左 D_n 加群としての準同型である. $P = \partial_t B + Q \in \partial_t D_{n+1} + I$ ($B \in D_{n+1}, Q \in I$) とすると, Bg が t について急減少であることから

$$\varphi(Pu) = \int_{-\infty}^{\infty} (\partial_t B + Q)g(x, t)\,dt = \int_{-\infty}^{\infty} \partial_t(Bg(x, t))\,dt = 0$$

となるので, φ は $M/\partial_t M = D_{n+1}/(\partial_t D_{n+1} + I)$ から $C^\infty(\mathbb{R}^n)$ への準同型 $\overline{\varphi}$ を誘導する. 具体的には $\overline{\varphi}$ は $M/\partial_t M$ の生成系 $[t^j u]$ ($j = 0, 1, 2, \ldots$) の像

$$\varphi(t^j u) = \int_{-\infty}^{\infty} t^j g(x, t)\,dt \qquad (j = 0, 1, 2, \ldots)$$

で決定される. つまり M の積分とは, これらの積分の満たす連立微分方程式系のことである.

積分 $M/\partial_t M$ を計算するアルゴリズムは, 制限アルゴリズムで t と ∂_t の役割を取り換えてやれば直ちに得られる. あるいは次のように t に関するフーリエ変換を用いて制限の計算に帰着させてもよい.

例 3.7 と同様にして, D_{n+1} の元

$$P = \sum_{i,j \geq 0} P_{ij} t^j \partial_t^i \qquad (P_{ij} \in D_n)$$

の t についてのフーリエ変換を

$$\mathcal{F}_t(P) := \sum_{i,j \geq 0} (-1)^j P_{ij} \partial_t^j t^i$$

で定義して，D_{n+1} の M への別の作用 $\circ$ を，$v \in M$ に対して $P \circ v = \mathcal{F}_t(P)v$ で定義する．この作用による左 D_{n+1} 加群を $\mathcal{F}_t(M)$ で表す．また

$$\overline{\mathcal{F}}_t(P) := \sum_{i,j \geq 0} (-1)^i P_{ij} \partial_t^j t^i$$

と定義すると，$\mathcal{F}_t$ と $\overline{\mathcal{F}}_t$ は共に D_{n+1} からそれ自身への環同型であり，互いに逆写像になっている．M の生成元 u を $\mathcal{F}_t(M)$ の生成元とみなしたものを $\widehat{u}$ で表すと，$P \circ \widehat{u} = \mathcal{F}_t(P)u$ だから

$$\mathrm{Ann}_{D_{n+1}} \widehat{u} = \overline{\mathcal{F}}_t(I) := \{\overline{\mathcal{F}}_t(P) \mid P \in I\}$$

を得る．左 D_n 加群として

$$\mathcal{F}_t(M)/t\mathcal{F}_t(M) = M/\partial_t M$$

である．従って M の t に関する積分は，$\mathcal{F}_t(M) \simeq D_{n+1}/\overline{\mathcal{F}}_t(I)$ の $t=0$ への制限と一致する．よって 1 節の制限アルゴリズムを適用して積分の計算が実行できることになる．このとき，$t^i u = \partial_t^i \circ \widehat{u}$ であるから，k_1 を定理 5.8 のようにとれば，$M/\partial_t M$ は同値類 $[u], [tu], \ldots, [t^{k_1}u]$ で生成されることになる．さらに $\widehat{G}$ を $\mathrm{Ann}_{D_{n+1}} \widehat{u}$ の $w := (-1, 0, \ldots, 0; 1, 0, \ldots, 0)$ に関する包合基底とすると，

$$\widehat{N}_Y := \{(A_0, \ldots, A_{k_1}) \in (D_n)^{k_1+1} \mid A_0[u] + A_1[tu] + \cdots + A_{k_1}[t^{k_1}u] = 0\}$$

は定理 5.9 により，$\widehat{G}_Y := \{\rho(\partial_t^j P, k_1) \mid P \in \widehat{G}, j \in \mathbb{N}, j + \mathrm{ord}_w(P) \leq k_1\}$ で生成される．

例 5.19. $K = \mathbb{C}, n = 1$ として，$x = x_1, \partial_x = \partial_1$ と書こう．$\mathbb{R}^2$ 上の C^∞ 級関数 $g(x, t) = e^{-t^4 - xt^3}$ を考え，

$$h(x) := \int_{-\infty}^{\infty} g(x,t)\,dt = \int_{-\infty}^{\infty} e^{-t^4-xt^3}\,dt$$

の満たす微分方程式を求めてみよう．まず，$g = g(x,t)$ の満たす微分方程式系は

$$(\partial_t + 4t^3 + 3xt^2)g = (\partial_x + t^3)g = 0$$

であることがわかる (問題 5.4 を参照)．この 2 つの作用素の生成する左イデアルを I として，$M := D_2/I$ とおくと，

$$\mathcal{F}_t(M) \simeq D_2/(D_2(-t + 4\partial_t^3 + 3x\partial_t^2) + D_2(\partial_x + \partial_t^3))$$

となる．1 の $\mathcal{F}_t(M)$ における同値類を $\hat{u}$ とおくと，$b_{\hat{u}}(s) = s$ であり，$\int M\,dt = \mathcal{F}_t(M)/t\mathcal{F}_t(M)$ は $[\hat{u}]$ で生成され，包合基底の計算により $\operatorname{Ann}_{D_1}[\hat{u}]$ は

$$P_1 := 64\partial_x^4 - 27x^3\partial_x^3 - 216x^2\partial_x^2 - 339x\partial_x - 45$$
$$P_2 := 64x^2\partial_x^3 + (-27x^5 - 128x)\partial_x^2 + (-81x^4 + 128)\partial_x - 15x^3$$

で生成されることがわかる．従って C^∞ 級関数 (実は解析関数である) $h(x)$ は，$P_1 h = P_2 h = 0$ という連立常微分方程式を満たすことになる．$x^2 P_1 = \partial_x P_2$ が成り立つので，C^∞ 級関数や巾級数 u に対して，$P_1 u = P_2 u = 0$ は $P_2 u = 0$ と同値である．1.5 節の方法を用いると，$\operatorname{Ker} P_2 := \{u \in K[[x]] \mid P_2 u = 0\}$ は 3 次元であり，$\operatorname{Ker} P_2$ の元 $u(x) = \sum_{i=0}^{\infty} c_i x^i$ は，c_0, c_2, c_3 の値で決定されることがわかる．従って上記の $h(x)$ を決定するには，微分方程式 $P_2 h = 0$ の他に，初期条件として

$$h(0) = \int_{-\infty}^{\infty} e^{-t^4}\,dt, \quad \partial_x^2 h(0) = \int_{-\infty}^{\infty} t^6 e^{-t^4}\,dt,$$
$$\partial_x^3 h(0) = -\int_{-\infty}^{\infty} t^9 e^{-t^4}\,dt$$

の値を指定すればよい．

例 5.20. $K = \mathbb{C}, n = 1$ として，$x = x_1, \partial_x = \partial_1$ と書く．局所コホモロジー

群 $B[t^2 - x^3]$ において, $u := \delta(t^2 - x^3) := [(t^2 - x^3)^{-1}]$ を考えると, 例 5.17 により $\mathrm{Ann}_{D_2} \delta(t^2 - x^3)$ は,

$$t^2 - x^3, \quad 3t\partial_t + 2x\partial_x + 6, \quad 3x^2\partial_t + 2t\partial_x$$

で生成される. これを t についてフーリエ変換して制限の計算アルゴリズムを用いると, $\int B[t^2 - x^3] \, dt$ は $[u], [tu]$ で生成され, これらの間の関係式は

$$(2x\partial_x + 3)[u] = 0, \quad \partial_x [tu] = 0$$

で与えられることがわかる. これは具体的には, 複素平面において $C_\pm$ を, それぞれ $\pm x^{3/2}$ を中心とする十分小さな半径の円周 (正の向き) とするとき (ただし $x \neq 0$ とする), t に関する留数

$$h_0(x) := \frac{1}{2\pi\sqrt{-1}} \int_{C_\pm} \frac{dt}{t^2 - x^3}, \qquad h_1(x) := \frac{1}{2\pi\sqrt{-1}} \int_{C_\pm} \frac{t}{t^2 - x^3} \, dt$$

が, それぞれ $(2x\partial_x + 3)h_0(x) = 0, \partial_x h_1(x) = 0$ を満たすことを意味している. 実際コーシーの積分定理によって, 写像

$$B[t^2 - x^3] \ni [v] \longmapsto \frac{1}{2\pi\sqrt{-1}} \int_{C_\pm} v(x,t) \, dt$$

は $v(x,t) \in K[x, t, (t^2 - x^3)^{-1}]$ の剰余類 $[v]$ のみで定まり, これから誘導される写像

$$\int B[t^2 - x^3] \, dt \ni A_0[[u]] + A_1[[tu]] \longmapsto A_0 h_0(x) + A_1 h_1(x)$$

は, $\int B[t^2 - x^3] \, dt$ から $\mathbb{C} \setminus \{0\}$ 上の (多価) 正則関数全体のなす左 D_1 加群への準同型を定義する $(A_0, A_1 \in D_1)$. よって, $A_0[[u]] + A_1[[tu]] = 0$ ならば $A_0 h_0(x) + A_1 h_1(x) = 0$ である.

問題 5.4. $K = \mathbb{C}$, $f = f(x) \in K[x]$ として, $\mathbb{R}^n$ 上の C^∞ 級関数 $g(x) := e^{f(x)}$ を考える. $f_i := \partial f / \partial x_i$ とおくと, $\mathrm{Ann}_{D_n} g$ は左イデアルとして $\{\partial_i - f_i \mid i = 1, \ldots, n\}$ で生成されることを示せ.

問題 5.5. 例 5.19 において $\operatorname{Ker} P_2$ の計算を実行せよ.

問題 5.6. 例 5.20 に関して

(1) $\int B[t^2 - x^3]\, dt$ の計算を実行せよ.
(2) 具体的に積分を計算して $h_0(x)$ と $h_1(x)$ を求め, それらに対する関係式を確かめよ.

6

(付録) 数式処理システムについて

　本書で取り上げたアルゴリズムのうち，1章で説明したものは，数式処理システムの基本的な機能だけで実現できる．3章以降のアルゴリズムを実行するには，微分作用素環のグレブナー基底の計算が必要になる．この機能を備えた数式処理システムとして，日本で開発されたフリーソフトであるRisa/Asirとkan/sm1を紹介しよう．微分作用素環のグレブナー基底の計算ができるソフトウェアとしては，他にMaple, Macaulay, Singularなどがある．これらのソフトウェアは現時点でも活発に開発や改良が行われているので，随時下記のサイトまたはリンクや検索などで最新情報を入手されることをお勧めする．

6.1　Risa/Asir

　Risa/Asirは(株)富士通研究所で開発されたフリーの数式処理ソフトである．数式処理の基本機能である，有理式の高速計算，多項式の因数分解，グレブナー基底計算などの性能の高さには定評がある．またユーザ言語(数式処理でプログラミングを行う際の文法)はほぼC言語の拡張になっており，デバッガーも完備しているので，プログラミングにも適している．Windows版やUNIX版などがあり，

```
http://risa.cs.ehime-u.ac.jp
http://www.openxm.org
http://www.math.kobe-u.ac.jp
```

などからダウンロードできる．インストール法やマニュアルなどのドキュメントも入手できる．(Windows 版ではヘルプメニューで直接マニュアルを参照できる．) また Risa/Asir の平易な解説書として文献 [STH] がある．

まず対話的な使用法から見てみよう．Risa/Asir を起動して $(x+y)^6$ を入力してみよう:

```
[345]  (x+y)^6;
y^6+6*x*y^5+15*x^2*y^4+20*x^3*y^3+15*x^4*y^2+6*x^5*y+x^6
```

と展開した答えが返ってくる．このように Risa/Asir では多項式は自動的に展開される．最後のセミコロン ; は入力の最後を表す記号である．従ってセミコロンなしで改行すれば，2 行以上からなる式を入力することもできる．Risa/Asir を終了するには quit; と入力する．さて上の x,y は数学的な意味での変数，すなわち**不定元**である．不定元としては小文字のアルファベットで始まる文字列を用いる．一方大文字のアルファベットで始まる文字列はプログラム言語における変数(**プログラム変数**)，つまり**名前**に用いられる．たとえば

```
[346]  A = (x+y)^6;
y^6+6*x*y^5+15*x^2*y^4+20*x^3*y^3+15*x^4*y^2+6*x^5*y+x^6
[347]  B = (x-y)^6;
y^6-6*x*y^5+15*x^2*y^4-20*x^3*y^3+15*x^4*y^2-6*x^5*y+x^6
```

のように式に名前を付けておけば，

```
[348]  A+B;
2*y^6+30*x^2*y^4+30*x^4*y^2+2*x^6
```

というように後での計算に使える．ただし名前を付けなくても Risa/Asir は @ 番号という名前をその番号の入力の結果に付けているので，上の入力で A+B の代わりに @346+@347 としてもよい．なお @@ は直前の出力を表す．多項式の

因数分解は fctr という命令を用いる.

[349] fctr(A*B);
[[1,1],[y+x,6],[y-x,6]]

というように結果はリスト表示される.この例では $1^1(y+x)^6(y-x)^6$ を表している.(Risa/Asir では多項式の積はいつでも展開されてしまうので,積の形で答えを返すわけにはいかない!)

多項式に関する他の基本的な関数を見ておこう.deg(多項式, 変数) で多項式の指定した変数に関する次数,coef(多項式, 次数, 変数) で係数を取り出すことができる:

[453] deg(A,x);
6
[454] coef(A,3,x);
20*y^3

sqr(多項式 1, 多項式 2) は多項式 1 を多項式 2 で割った商と剰余のリストを返す.gcd(多項式 1, 多項式 2) は 2 つの多項式の最大公約数 (GCD) を返す.

[455] sqr((x+1)^10, (x+2)^4);
[x^6+2*x^5+5*x^4+10*x^2-20*x+50,-120*x^3-675*x^2-1270*x-799]
[456] gcd((x^2-1)^5, (x+1)^10);
x^5+5*x^4+10*x^3+10*x^2+5*x+1
[457] fctr(@@);
[[1,1],[x+1,5]]

多項式だけでなく有理式 (分数式) の計算もできる:

[458] F1 = 1/(x^2-1)^2;

```
(1)/(x^4-2*x^2+1)
[459] F2 = 1/(x-1)^4;
(1)/(x^4-4*x^3+6*x^2-4*x+1)
[460] F1+F2;
(2*x^4-4*x^3+4*x^2-4*x+2)/(x^8-4*x^7+4*x^6+4*x^5-10*x^4
+4*x^3+4*x^2-4*x+1)
[461] F=red(@@);
(2*x^2+2)/(x^6-2*x^5-x^4+4*x^3-x^2-2*x+1)
[462] nm(F);
2*x^2+2
[463] dn(F);
x^6-2*x^5-x^4+4*x^3-x^2-2*x+1
```

ここで red は分数を約分する命令，nm は分子，dn は分母を表している．このように Risa/Asir は有理式の約分は自動的には行わない．

もちろん式だけでなく，整数や分数 (有理数) も正確に扱うことができる．

```
[464] 2^100;
1267650600228229401496703205376
[465] fac(100);
9332621544394415268169923885626670049071596826438162146859296389521759999322991560894146397615651828625369792082
7223758251185210916864000000000000000000000000
[466] igcd(fac(100),2^100);
158456325028528675187087900672
```

ここで fac は階乗，igcd は 2 つの整数の最大公約数を返す．また整数を整数で割った商と余りはそれぞれ idiv と irem で求められる：

```
[467] idiv(fac(10),2^10);
```

```
3543
[468] irem(fac(10),2^10);
768
```

また文字列も扱える:

```
[469] A = "xyz";
xyz
[470] B = "123";
123
[471] A+B;
xyz123
```

A+B は文字列 A と B を連結した文字列を表す.

以上のように Risa/Asir では基本的なデータ型として, (任意多倍長) 整数, 有理数, 小数, 多項式, 有理式, 文字列などが扱える. しかも C 言語などと違ってプログラム変数 (名前) の型宣言は不要である. 更にこれらの基本的なデータ型を成分とするリスト, ベクトル, 行列などのデータ型も扱える.

数式処理で重要なリスト型について説明しよう. **リスト**とは, 上記の基本的なデータ型からなる要素 (**アトム**という) またはリストを何個か順番に並べて括弧でくくったものである. 要素の番号は 0 番目から数える.

```
[472] L = ["x", [y^2-1, 2], [y^3, 0]];    リスト L を定義
[x,[y^2-1,2],[y^3,0]]
[473] length(L);        L の要素の数
3
[474] L[0];             L の 0 番目の要素
x
[475] L[1];             L の 1 番目の要素
[y^2-1,2]
```

```
[476] L[1][0];          L の 1 番目の要素の 0 番目の要素
y^2-1
[477] car(L);           L の最初の要素
x
[478] cdr(L);           L の最初の要素を除いたリスト
[[y^2-1,2],[y^3,0]]
[479] cons([z^3-2, 3], L);    L の先頭に [z^3-2,3] を追加
[[z^3-2,3],x,[y^2-1,2],[y^3,0]]
[480] append([z^3-2, 3], L);  2 つのリストを連結したリスト
[z^3-2,3,x,[y^2-1,2],[y^3,0]]
```

car, cdr, cons などは，代表的なリスト処理用言語である LISP における関数名である．リストの要素を直接書き換えることはできない．それに対してベクトル型では要素を書き換えたり，スカラー倍の計算，そして次元が同じなら和・差の計算もできる．新しいベクトルを生成するには newvect という関数を用いる．第 1 引数で次元を指定する．第 2 引数でリストを指定するとそのリストがベクトル型に変換される：

```
[481] X = newvect(3,[x,y,z]);
[ x y z ]
[482] Y = newvect(3,[1,-2,3]);
[ 1 -2 3 ]
[483] X+Y;
[ x+1 y-2 z+3 ]
[484] 2*X;
[ 2*x 2*y 2*z ]
[485] X[2] = w;
w
[486] X;
[ x y w ]
```

```
[487] size(X);
[3]
```

さらに行列型データも扱える．行列を定義するには，`newmat` という関数で行列の大きさ (行の数と列の数) と行列の要素を行のリストとして指定する:

```
[488] M = newmat(3,3,[[x-2,-1,0],[0,x-2,0],[0,0,x]]);
[ x-2 -1 0 ]
[ 0 x-2 0 ]
[ 0 0 x ]
[489] M[1][1];
x-2
[490] det(M);
x^3-4*x^2+4*x
[491] fctr(@@);
[[1,1],[x,1],[x-2,2]]
[492] size(M);
[3,3]
```

以上 Risa/Asir の対話的な使用法を見てきたが，たとえば 1 章で用いた行列の基本変形やユークリッドの互除法などのように結果が出るまでにいくつかのステップの計算を要するような場合には，対話的に各ステップの計算を実行させるのではなく，あらかじめ全体の計算の流れをプログラムとして Risa/Asir に指示しておくことができる．つまり数式処理言語におけるプログラミングである．Risa/Asir の場合は，そのための文法，すなわちプログラミング言語はほぼ C 言語の拡張になっている．

Risa/Asir のユーザ言語によるプログラムの例として，拡大係数行列に行基本変形を施して階段行列 (ただし行の交換は行わない) にするプログラムを挙げる．コメントを入れたので，C 言語に多少とも馴染みのある人なら，プログラムを解読するのも容易だと思う．添字は 0 から始まるようにしている．右辺の

$b_0, b_1, \ldots$ は不定元として扱っている．既に述べたようにプログラム変数は大文字で，関数名や不定元は小文字で始まることに注意されたい．また C 言語と違って Risa/Asir の関数はどんな型のデータでも (1 つだけ) 返すことができるのも大きなメリットである．リストを使ってまとめれば実質的に複数のデータを返すようにできる．C 言語では配列などは返せないので，ポインタを使ったり変数の引渡しに「トリック」を用いたりする必要があったのである．

```
def gauss(A) {
  MN = size(A);
  M = MN[0]; N = MN[1];
  AB = newmat(M, N+1);         /* 拡大係数行列 AB を作る */
  for (I = 0; I < M; I++) {
    for (J = 0; J < N; J++)
      AB[I][J] = A[I][J];
    AB[I][N] = strtov("b"+rtostr(I));
  }                            /* 最後の列に不定元 b0,b1,... を入れる */
  print(AB);
  LeadInd = newvect(M);
  for (I = 0; I < M; I++)
    LeadInd[I] = leadInd(AB[I],N); /* 第 I 行の主添字 */
  for (J = 0; J < N; J++) {    /* 行基本変形 */
    I0 = -1;                   /* ... 第 0 列から順番に */
    for (I = 0; I < M && I0 == -1; I++) {
      if (LeadInd[I] == J) {
        C = AB[I][J]; I0 = I;
        for (K = J; K < N+1; K++) AB[I][K] = AB[I][K]/C;
      }
    }
    if (I0 >= 0) {
      for (I = 0; I < M; I++) {
```

```
        C = AB[I][J];
        if (I != I0 && C != 0) {
          for (K = J; K < N+1; K++)
            AB[I][K] = AB[I][K] - C*AB[I0][K];
          LeadInd[I] = leadInd(AB[I],N);
        }
      }
    }
    print("J=",0); print(J); print(AB);   /* 途中経過を表示 */
  }
  print("Completed.");
  print("Leading indices are ",0); print(LeadInd);
  return AB;
}

def leadInd(V,M) {           /* ベクトルの主添字を返す関数 */
  Index = -1;                /* ただし最初の M 個の成分のみに着目 */
  for (I=0; I < M && Index == -1; I++)
    if (V[I] != 0) Index = I;
  return Index;
}
end$     /* プログラムの最後 */
```

rtostr は整数, たとえば 3 を文字列 "3" に変換する関数, strtov は文字列を不定元に変換する関数である. 従ってたとえば $I = 3$ のとき strtov("b"+rtostr(I)) は不定元 b3 を返す. このプログラムをたとえば gauss という名前でセーブしておけば, 次のように実行できる:

```
[398] load("gauss");
1
```

```
[403] A = newmat(3,4,[[1,0,-2,3],[2,-3,0,4],[0,-3,4,-2]]);
[ 1 0 -2 3 ]
[ 2 -3 0 4 ]
[ 0 -3 4 -2 ]
[404] gauss(A);
[ 1 0 -2 3 b0 ]
[ 2 -3 0 4 b1 ]
[ 0 -3 4 -2 b2 ]
J=0
[ 1 0 -2 3 b0 ]
[ 0 -3 4 -2 -2*b0+b1 ]
[ 0 -3 4 -2 b2 ]
J=1
[ 1 0 -2 3 b0 ]
[ 0 1 -4/3 2/3 2/3*b0-1/3*b1 ]
[ 0 0 0 0 2*b0-b1+b2 ]
J=2
[ 1 0 -2 3 b0 ]
[ 0 1 -4/3 2/3 2/3*b0-1/3*b1 ]
[ 0 0 0 0 2*b0-b1+b2 ]
J=3
[ 1 0 -2 3 b0 ]
[ 0 1 -4/3 2/3 2/3*b0-1/3*b1 ]
[ 0 0 0 0 2*b0-b1+b2 ]
Completed.
Leading indices are [ 0 1 -1 ]   (各行の主添字. ない場合は -1)
```

微分の計算の例として，線形常微分作用素の有理式への作用を計算するプログラムの例を載せておこう．微分作用素は x と dx という2つの不定元に関する多項式として表現することにする．diff は (有理) 関数の指定された変数に

関する導関数を返す.

```
def act(P,F) {
  M = deg(P,dx);
  G = 0;
  for (I = 0; I <= M && F != 0; I++) {
    G += coef(P,I,dx)*F;
    if (I < M) F = diff(F,x);
  }
  return G;
}
```

次はこのプログラムの実行例である:

```
[690] P = x*(1-x)*dx^2 + (3-4*x) - 2;
(-x^2+x)*dx^2-4*x+1
[691] act(P,x^3);
-4*x^4-5*x^3+6*x^2
[692] act(P,1/x);
(-4*x^5-x^4+2*x^3)/(x^5)
[693] red(@@);
(-4*x^2-x+2)/(x^2)
```

多項式環のイデアルの準素分解は primdec というライブラリファイルをロードして, primadec(イデアルの生成系のリスト, 変数リスト) とする:

```
[745] load("primdec");
1
[818] primadec([x^3-y^3,(x-y)^2],[x,y]);
[[[y-x],[y-x]],[[y^2,2*x*y-x^2],[y,x]]]
```

結果は準素イデアルとその根基のリストからなるリストとなる．この例では $\langle y-x \rangle$ と $\langle y^2, 2xy-x^2 \rangle$ が準素イデアルである．準素分解の計算には，下山武司・横山和弘によるアルゴリズムが用いられている．

多項式 f の b 関数や f^s の零化イデアルの計算をするには，ライブラリファイル bfct をロードする (primdec もロードしておく必要がある)．

```
[834] load("bfct");
1
[858] bfct(x1^3-x2^2*x3^2);
11664*s^7+93312*s^6+316872*s^5+592272*s^4
+658233*s^3+435060*s^2+158375*s+24500
[859] fctr(@@);
[[1,1],[3*s+5,1],[s+1,1],[3*s+4,1],[6*s+5,2],[6*s+7,2]]
[860] ann(x1^3-x2^2*x3^2);
[-3*x1^2*dx3^2-2*x2^3*dx1*dx2-2*x2^2*dx1,
3*x1^2*dx2+2*x2*x3^2*dx1,3*x1^2*dx3+2*x2^2*x3*dx1,
-3*x2*dx2-2*x1*dx1+6*s,x3*dx3-x2*dx2]
```

b 関数の計算では，4.2 節で説明したアルゴリズムの後半の消去法の部分を高速化した野呂正行による改良版 (文献 [N2] を参照) が用いられている．

6.2 kan/sm1

kan/sm1 は高山信毅により開発された数式処理システムである．D 加群用の数式処理システムとしては最も長期間に渡って開発されてきたものの一つであり，数多くの D 加群用アルゴリズムの実験に用いられてきた実績がある．kan/sm1 の基本機能は，多項式環，微分作用素環，差分作用素環におけるグレブナー基底の計算である．現時点では UNIX 系の OS 上で動くが，Windows 版もリリースされる予定である．kan は前記の http://www.openxm.org からダウンロードできる．これは Risa/Asir や kan/sm1 を始めとする種々の数

学ソフトウェアを，通信によるデータのやりとりによって統合することを目指した OpenXM プロジェクトのホームページである．

kan/sm1 のユーザ言語は PostScript に準じたスタック言語である．グレブナー基底の計算を行うには，まず環を定義する必要がある．

```
sm1>[(x1,t,y1,y2) ring_of_differential_operators
  [ [ (y1) 1 (y2) 1 ] ] weight_vector 0 ] define_ring ;
```

これで変数 x1,t,y1,y2 に関する微分作用素環が定義される．対応する偏微分は，各変数の前に D を付けて表す．2 行目では重みベクトル w を定義している．重みベクトルは優先順位の順番で 2 つ以上定義することもできるが，一つだけ指定した場合は，適当な全次数逆辞書式順序 $\prec$ によって，$\prec_w$ という単項式順序が設定される．kan/sm1 では基本的にすべての計算を，微分作用素環の重みベクトル $(1,\ldots,1)$ に関する**斉次化**を経由して計算するようになっている．そのために指定した変数以外に h という変数が用いられる．たとえば $x_i\partial_i+1$ を斉次化すると $x_i\partial_i+h^2$ となるので，$\partial_i x_i - x_i\partial_i = h^2$ という関係を満たすことになる．これを**斉次化ワイル代数**と呼ぶ．$h=1$ とすれば (非斉次化)，通常の微分作用素環における計算になる．例 4.6 の計算をしてみよう．

```
sm1>[ (t-y1*x1). (Dx1+y1*Dt). (1-y1*y2). ] /ff set ;
```

でイデアルの生成系をリストとして ff という変数に代入する．このように現在の環の要素を定義するには，式を ( )．でくくる．

```
sm1>[ ff homogenize] groebner 0 get /G set ;
 4. 5.o. 6ooooo Completed.
sm1>G ::
[    -y1*y2+h^2 , y1*Dt*h+Dx1*h^2 , -x1*y1*h^2+t*h^3 ,
  -y2*Dx1*h^2-Dt*h^3 , x1*Dx1*h^3+t*Dt*h^3+h^5 ,
  -t*y2*h^3+x1*h^4 ]
```

```
sm1>G dehomogenize ::
[    -y1*y2+1 , y1*Dt+Dx1 , -x1*y1+t , -y2*Dx1-Dt ,
  x1*Dx1+t*Dt+1 , -t*y2+x1 ]
```

homogenize で斉次化，dehomogenize で非斉次化が行われる．グレブナー基底計算のインプットは斉次化されていなければならない．第 1 行でグレブナー基底の計算をしている．アウトプットはグレブナー基底のリストを唯一の要素とするリストなので，0 get でその第 1 成分を取り出している．最後の 2 行が求めるグレブナー基底である．:: はスタックの一番上のデータを取り出して (pop) 表示する命令である．これがなければ，出力は単にスタックに置かれるだけである．微分作用素の和や積の計算を電卓のように実行することも可能である．和差積はそれぞれ add, sub, mul で，逆ポーランド記法を用いる．

```
sm1>(t*Dt+1). (t*Dt+2). mul (Dt^2). (t^2). mul sub ;
sm1>dehomogenize ::
0
```

1 行目で $(t\partial_t+1)(t\partial_t+2)-\partial_t^2 t^2$ を計算し，一旦結果をスタックに置いて，2 行目でそれを pop して非斉次化して表示している．

このような斉次化を用いていることのメリットの一つとして，任意の重みベクトル w と項順序 $\prec$ から決まる単項式順序 $\prec_w$ に関するグレブナー基底の計算を直接行うことができる (文献 [SST] を参照)．例 5.12 の計算を行ってみよう．まず環と重みベクトルを設定する：

```
sm1>[(t,x1,x2,x3,a1,a2,a3) ring_of_differential_operators
  [ [(t) -1 (Dt) 1 ]
  [(t) 1 (x1) 1 (x2) 1 (x3) 1 (Dt) 1 (Dx1) 1 (Dx2) 1 (Dx3) 1]
  ]  weight_vector 0 ] define_ring ;
```

第 2 行のリストで重みベクトル w を指定している．第 3 行の重みベクトルは，

6.2 kan/sm1

a1,a2,a3 をパラメータとして扱うために，それ以外の変数の重みをすべて 1
としている．

```
sm1>[ (x2*Dx2 + x3*Dx3 - a1). (t*Dt + x2*Dx2 - a2).
  (x1*Dx1 + x3*Dx3 - a3). (Dt*Dx3 - Dx1*Dx2). ] /ff set
sm1>[ ff homogenize [(needSyz)] ] groebner /GG set ;
sm1>GG 0 get /G set
sm1>G dehomogenize /G0 set ;
sm1>G0 ::
[   Dt*Dx3-Dx1*Dx2 , x1*Dx1+x3*Dx3-a3 , t*Dt+x2*Dx2-a2 ,
   x2*Dx2+x3*Dx3-a1 , x2*Dx2*Dx3-a2*Dx3+t*Dx1*Dx2 ,
   x3*Dx3^2-a1*Dx3+a2*Dx3+Dx3-t*Dx1*Dx2 ]
```

グレブナー基底の計算でオプション（needSyz）を指定すると，結果の GG は，最初の生成系とグレブナー基底との相互関係の情報も含んでいる．この情報を見ると，この計算が任意のパラメータ a1,a2,a3 について有効であることが確認できる．なお，G は極小グレブナー基底であるが，非斉次化した G0 は極小ではない．$\prec_w$ に関する主項を

```
sm1>G {init} map dehomogenize ::
[ Dt*Dx3 , x1*Dx1 , t*Dt , x2*Dx2 , x2*Dx2*Dx3 , x3*Dx3^2 ]
```

で見ると，5番目の成分は $\text{LM}_{\prec_w}(I)$ の生成系としては不要であることがわかる．G0 の最初の4つの要素は最初に与えられた生成系であるから，結局 G0 の5番目の要素を除いた5個で $\prec_w$ に関するグレブナー基底になっていることがわかる．

　以上 kan/sm1 の基本機能を見たが，これらの機能を組み合わせて本書で述べたアルゴリズムや更に高度のアルゴリズムが実現されており，ライブラリとして提供されている．例として制限と積分の計算をしてみよう．まず

186   6. (付録) 数式処理システムについて

```
sm1>(cohom.sm1) run ;
```

としてライブラリファイル cohom.sm1 をロードする．例 5.17 の制限を計算すると

```
sm1>[[(t-x1^2 + x2^3) (Dx1 + 2 x1 Dt) (Dx2 - 3 x2^2 Dt)]
    [(t)] [[(t) (x1) (x2)] [ ]] 0 ] restriction ::
sm1>0-th cohomology: [    1 , [    3*x1*Dx1+2*x2*Dx2+6 ,
-x2^3+x1^2 , 3*x2^2*Dx1+2*x1*Dx2 ]   ]
```

となる．ここで第1行ではイデアルの生成系を文字列 (括弧でくくる) のリストとして与えている．空白は積の記号 * と同じである．第2行では，制限する変数のリストと [全変数のリスト　パラメータのリスト] を与えている．最後の 0 は 0 次コホモロジー (5.1 節で定義したもの) のみを計算することを意味する．結果は生成元の個数とそれらの間の関係式のリストで表示される．例 5.20 の積分は次のように実行できる．

```
sm1>[[(t^2 - x^3) (3 t Dt + 2 x Dx + 6) (3 x^2 Dt + 2 t Dx)]
    [(t)] [[(t) (x)] [ ]] ] integration ::
sm1>0-th cohomology: [    2 , [    -2*x*Dx-3 , 2*e_*Dx ]  ]
sm1>-1-th cohomology: [    0 , [ ] ]
```

今度は次数を指定していないので，積分の 0 次と -1 次のコホモロジーを計算する．0 次コホモロジーは $[u]$ と $[tu]$ で生成される．e_ はベクトルの第 2 成分 ($[tu]$ に対応) を表している．なお，以上の制限と積分の計算の過程では OpenXM の通信機能を用いて kan/sm1 から Risa/Asir を呼び出して，b 関数の因数分解をして最大の整数根を求めている．この計算例からわかるように，本書では触れなかったが，2 つ以上の変数に関する制限や積分のすべてのコホモロジー群の計算ができる．また kan/sm1 の C 言語風のインターフェースである kan/k0 もある．

あ と が き

　本書では主に計算の立場から D 加群理論の初歩を紹介したが，極めて重要なホロノミック系や確定特異点型の D 加群については触れることができなかった．これらの話題も含めて D 加群に関する本格的かつ正統的な教科書として

　　　[K] 柏原正樹: 代数解析概論 (岩波講座 現代数学の展開)，岩波書店，2000.

　　　[TH] 谷崎俊之・堀田良之: D 加群と代数群，シュプリンガー・フェアラーク東京，1995.

を挙げておこう．D 加群理論の創始者の一人による [K] では解析的な (すなわち複素多様体上の) D 加群が，[TH] では代数的な (代数多様体上の) D 加群が扱われている．英文の D 加群の本や論文についてはこれらの文献リストを参照されたい．

　　　[H1] 堀田良之: 代数入門―群と加群―，裳華房，1987.

　　　[H2] 堀田良之: 加群十話 (すうがくぶっくす 3)，朝倉書店，1988.

　　　[T] 谷崎俊之: 環と体 3 (岩波講座 現代数学の基礎)，岩波書店，1998.

には代数学の題材の一つとして D 加群の解説がある．特に [H1] の 5 章には佐藤―ベルンステイン多項式の初等的な存在証明が書かれているので，本書の 4 章と併せて参照されたい．[H2] では線形代数の続論の立場から，豊富な具体例を用いて環と加群の概念が解説されている．本書では触れなかったが，D 加群のより進んだアルゴリズムを考察するには，[T] で解説されているようなホモロジー代数の手法が不可欠である．

　一方，多項式環のグレブナー基底を始めとする数式処理アルゴリズムとその応用については，

　　　[CLO1] D. コックス・J. リトル・D. オシー (落合・示野・西山・室・山本訳): グレブナ基底と代数多様体入門 (上，下)，シュプリンガー・フェ

アラーク東京, 2000.

[CLO2] D. コックス・J. リトル・D. オシー (大杉・北村・日比訳): グレブナー基底 (1, 2), シュプリンガー・フェアラーク東京, 2000.

[Hi] 日比孝之: グレブナー基底 (すうがくの風景), 朝倉書店, 近刊.

[N1] 野呂正行: 計算機代数, Rokko Lectures in Mathematics 9, 神戸大学理学部数学教室, 2001.

[SIAS] 佐々木健昭, 今井浩, 浅野孝夫, 杉原厚吉: 計算代数と計算幾何 (岩波講座 応用数学), 岩波書店, 1993.

[W] 和田秀男: 計算数学 (新数学講座 12), 朝倉書店, 2000.

などがある.

[STH] 齋藤友克・竹島卓・平野照比古: 日本で生まれた数式処理ソフト (リサアジールガイドブック), SEG 出版, 1998.

は Risa/Asir の解説書であるが, 開発の経緯についても紹介されている.

D 加群のアルゴリズムに関しては

[SST] Saito, M., Sturmfels, B., Takayama, N.: Gröbner Deformations of Hypergeometric Differential Equations, Springer, 2000.

が基本的文献である. そこでは微分作用素環のグレブナー基底が計算アルゴリズムのためだけでなく, 理論的な定理を導くためにも縦横に用いられている. 本書に続けて読むことを勧める.

[O1] 大阿久俊則: グレブナ基底と線型偏微分方程式系 (計算代数解析入門), 上智大学数学講究録 No.38, 上智大学数学教室, 1994.

の内容は今となってはやや古いが, 本書で触れなかった話題として, 巾級数環のグレブナー (標準) 基底, 特性多様体, 解析的な微分作用素環などがある. 本書の 4, 5 章で説明したアルゴリズムは

[O2] Oaku, T.: Algorithms for the b-function and D-modules associated with a polynomial, Journal of Pure and Applied Algebra **117 & 118**, 495–518 (1997).

[O3] Oaku, T.: Algorithms for b-functions, restrictions, and algebraic local cohomology groups of D-modules, Advances in Applied Mathematics **19**, 61–105 (1997).

で発表された．本書では紹介できなかったが，その後の進展についてはたとえば次の論文を参照されたい．

[N2] 野呂正行: Risa/Asir における Weyl algebra 上のグレブナ基底計算およびその応用, 京都大学数理解析研究所講究録, No. 1199 (2001年4月), pp. 43–50.

[OT1] Oaku, T., Takayama, N.: An algorithm for de Rham cohomology groups of the complement of an affine variety via D-module computation, Journal of Pure and Applied Algebra **139**, 201–233 (1999).

[OT2] Oaku, T., Takayama, N.: Algorithms for D-modules — restriction, tensor product, localization, and local cohomology groups, Journal of Pure and Applied Algebra **156**, 267–308 (2001).

[OT3] Oaku, T., Takayama, N.: Minimal free resolutions of homogenized D-modules, Journal of Symbolic Computation **32**, 575-595(2001).

[OTT] Oaku, T., Takayama, N., Tsai, H.: Polynomial and rational solutions of holonomic systems, Journal of Pure and Applied Algebra **164**, 199–220 (2001).

[OTW] Oaku, T., Takayama, N., Walther, U.: A localization algorithm for D-modules, Journal of Symbolic Computation **29**, 721–728 (2000).

索　引

ア　行

余り　105

位数　30
イデアル　59

エルミート多項式　24
エルミートの微分方程式　23

重み　18
重みベクトル　18, 90

カ　行

階数　13, 18, 30, 82, 91
階段行列　4
ガウスの消去法　3
ガウスの超幾何級数　39
ガウスの超幾何微分方程式　26
可換環　54
核　6
柏原正樹　134, 142
滑層分割　144
環　53
簡約形　105

逆像　70
既約多項式　43

行基本変形　3
局所 b 関数　137
極小グレブナー基底　102
局所化　76, 136
局所コホモロジー群　159

グレブナー基底　102

決定多項式　19, 31, 46, 149

項順序　99
根基　138

サ　行

最小重み　117
最小多項式　49
最大公約数　43
佐藤幹夫　131
佐藤–ベルンステイン多項式　131

辞書式順序　99
指数　9
次数環　91
主係数　100
主項　100
主成分　4
主添字　4
主単項式　100
主表象　96

主部　18, 30, 92
準素イデアル　138
順像　63, 165
準素分解　139
準同型　60
準同型定理 (線形写像に対する)　9
準同型定理 (加群に対する)　61
消去法　97
商 (ベクトル) 空間　7
剰余加群　60
剰余類　60

随伴作用素　66

正規形　82
制限　70, 145
制限可能　149
斉次化　117, 126, 183
斉次化ワイル代数　183
斉次元　94, 98, 126
生成系　59
生成するイデアル　59
生成する部分加群　59
正則点　46
積分　63, 165
接方程式系　146
全次数逆辞書式順序　100
全次数辞書式順序　100
全表象　55, 82, 90

像　6
双対空間　71

　　　　　タ　行

体　1
代数　56
多項式　81
多項式環　12, 82
多重指数　81
単項式　81

単項式イデアル　101
単項式順序　99

調和振動子　23

同型　60
同値類　7
特異点　46
特性多様体　96

　　　　　ハ　行

非可換環　54
引き戻し　145
非斉次化　183
左加群　58
微分作用素　13, 82
微分作用素 (パラメータ付き)　90
微分作用素環　54, 85
微分作用素環 (パラメータ付き)　90

フィルター　91
フーリエ変換　88, 167
不定元　172
部分加群　58
プログラム変数　172

巾級数　28, 146
巾級数環　28

包含基底　94

　　　　　マ　行

右加群　58

無平方　45
無平方部分　45

ヤ 行

ユークリッドの互除法　42
有限生成　59
誘導する線形写像　8
有理関数体　41

余核　9

ラ 行

ライプニッツの公式　55, 83

リスト　175

零化イデアル　76, 88
零点集合　139

ワ 行

ワイル代数　85
割算　104

欧文・記号

Ann　76, 88, 122

$b(s)$　19, 31
$B[f]$　159
Bernstein　131
$b_f(s)$　131
$b_u(s)$　149
Buchberger　110
b 関数　19, 31, 46, 131, 149

Coker　9

D　54, 82
$\delta(t-f)$　160

Dickson　103
D_n　82, 85
$D_n[y]$　90

$\mathcal{F}$　88, 167
F_w^k　91

GCD　43
gr　92, 93

h　117, 126
Hom　60

I_f　123
Im　6
in　18, 30, 92
ind　9
$\int M$　63, 165
ι^*　70, 145

K　1
$K(x)$　41
$K[[x]]$　28, 146
$K[x]$　12, 54, 82
kan/sm1, 182
Ker　6

LC　100
LCM　109
LM　100
LT　100

Malgrange　122

N_f　121

ord　13, 18, 30, 91

$P(x, \xi)$　55, 82
$P(x, y, \xi)$　90
$\psi(P)$　127

Risa/Asir 143, 171

sp 110

S式 110

w 90

編集者との対話

E(ditors): D 加群ってひとことで言うと何ですか？

A(uthor): 連立の線形微分方程式です．連立1次方程式は，いくつか未知数があって，それらのスカラー倍を足すと 0 になる，という式がいくつか並んでいるわけですが，その未知数が未知関数になって，スカラーが微分作用素になったものと考えてください．

E: D 加群の計算って，大変ですよね．抽象的な本は沢山あるのですが，具体的にどういう計算をするかとなるとわからない．

A: たとえば D 加群の特性多様体というのがあって，これは D 加群の一番基本的な不変量で，これで D 加群のおおざっぱな性質がわかるのですが，これの一般的な計算はグレブナー基底で初めてできるようになりました．もちろん個々の具体例については，深い考察で理論的にわかる場合も多いのですが…

E: 魅力的なテーマを，やさしく/奥深く/ゆかいに，というのが本シリーズのねらいです．少ない予備知識で，深い所まで行く．やさしく書くのは難しいことですが，この本は数学的にキッチリ書かれていると感心しました．

A: 奥深いところまで書けたかどうかは，自信がありませんが，大学1年の線形代数くらいの予備知識で，証明はごまかさずに書く，ということを目標にしました．線形代数では普通習わない商空間のことや，環と加群については，定義からちゃんと書いたつもりですが，これらの概念に慣れていない方は，必要なら適当な本で補って下さい．たとえば堀田さんの「加群十話」にていねいな解説があります．

E: 問題がいくつかありますが，解けますか？

A: 理解を確認したり本文を補足するために，やさしい計算問題や証明問題を付けたつもりですが，中には「数式処理でプログラムを作成せよ」というようなプロジェクト課題とでもいうべきものも含まれています．

E: 数式処理はどのように使えますか？

A: 1章では時間に余裕があれば自分でプログラムを作成してみると理解が深まると思いますから，是非チャレンジして下さい．付録にヒントが書いてあります．ちなみに1章は線形代数の応用，微分方程式の入門，数式処理によるプログラミング，という3つの立場から利用してもらえると思います．3章以降では例の計算が手計算ではちょっと無理なので，付録を参考に実際にコンピュータで計算しながら読んでもらうのが理想的です．

Risa/Asirとkanは大変すぐれたソフトなので，是非活用して下さい．使い方については付録では説明し足りない部分もあるかと思うので，マニュアルなどの付属文書を活用してください．数式処理は試行錯誤しながら使ってみるのが一番の上達法です．

E: このテーマで執筆をお願いした時は，D加群がもっとポピュラーになれば，という気持ちがありました．著者の立場からはどうですか？ 執筆のねらいなどを話してください．

A: D加群の考え方自体はとても自然なのですが，いろいろな性質を証明しようとすると，難しい道具がたくさん必要になります．執筆を依頼されて迷っていた頃に柏原さんの「代数解析概論」が出版され，その前にも谷崎さんと堀田さんの「D加群と代数群」が出ています．そこで，非常に重要だけど証明の難しい部分は，思い切って省略して執筆することにしました．そのかわり，なるべく少ない予備知識でD加群の面白さを味わってもらえるように，という方針で題材を選んでみました．ですから，D加群を本格的に勉強するには，この本だけでは不十分です．でもD加群の本格的な教科書を読むためには，かなりの予備知識が必要になるので，まずはこの本で，D加群の考え方や計算法に馴染んでもらうのが良いかもしれませんね．予備知識や興味や目的に応じて，いろんな読み方をしてもらえれば，と思っています．

著者略歴

大阿久俊則（おおあくとしのり）

1954年　栃木県に生まれる
1982年　東京大学大学院理学系研究科
　　　　博士課程修了（数学専攻）
現　在　東京女子大学文理学部数理学科
　　　　教授・理学博士

すうがくの風景 5
D 加群と計算数学　　　　　　定価はカバーに表示

2002年 2月25日　初版第 1 刷
2020年 4月25日　　　第11刷

著　者　大　阿　久　俊　則
発行者　朝　倉　誠　造
発行所　株式会社　朝　倉　書　店
　　　　東京都新宿区新小川町6-29
　　　　郵便番号　１６２-８７０７
　　　　電　話　０３（３２６０）０１４１
　　　　ＦＡＸ　０３（３２６０）０１８０
　　　　http://www.asakura.co.jp

〈検印省略〉

Ⓒ 2002〈無断複写・転載を禁ず〉

三美印刷・渡辺製本

ISBN 978-4-254-11555-0　C 3341　　Printed in Japan

JCOPY ＜出版者著作権管理機構 委託出版物＞

本書の無断複写は著作権法上での例外を除き禁じられています．複写される場合は，そのつど事前に，出版者著作権管理機構（電話 03-5244-5088, FAX 03-5244-5089, e-mail: info@jcopy.or.jp）の許諾を得てください．

好評の事典・辞典・ハンドブック

数学オリンピック事典	野口 廣 監修	B5判 864頁
コンピュータ代数ハンドブック	山本 慎ほか 訳	A5判 1040頁
和算の事典	山司勝則ほか 編	A5判 544頁
朝倉 数学ハンドブック［基礎編］	飯高 茂ほか 編	A5判 816頁
数学定数事典	一松 信 監訳	A5判 608頁
素数全書	和田秀男 監訳	A5判 640頁
数論＜未解決問題＞の事典	金光 滋 訳	A5判 448頁
数理統計学ハンドブック	豊田秀樹 監訳	A5判 784頁
統計データ科学事典	杉山高一ほか 編	B5判 788頁
統計分布ハンドブック（増補版）	蓑谷千凰彦 著	A5判 864頁
複雑系の事典	複雑系の事典編集委員会 編	A5判 448頁
医学統計学ハンドブック	宮原英夫ほか 編	A5判 720頁
応用数理計画ハンドブック	久保幹雄ほか 編	A5判 1376頁
医学統計学の事典	丹後俊郎ほか 編	A5判 472頁
現代物理数学ハンドブック	新井朝雄 著	A5判 736頁
図説ウェーブレット変換ハンドブック	新 誠一ほか 監訳	A5判 408頁
生産管理の事典	圓川隆夫ほか 編	B5判 752頁
サプライ・チェイン最適化ハンドブック	久保幹雄 著	B5判 520頁
計量経済学ハンドブック	蓑谷千凰彦ほか 編	A5判 1048頁
金融工学事典	木島正明ほか 編	A5判 1028頁
応用計量経済学ハンドブック	蓑谷千凰彦ほか 編	A5判 672頁

価格・概要等は小社ホームページをご覧ください．